# 智能手机与生活

陈 峥 编著

扫描二维码 加入读者圈
交流学习心得 下载相关资料

電子工業出版社
Publishing House of Electronics Industry
北京·BEIJING

## 内 容 简 介


本书旨在为中老年人学习使用智能手机提供指导，同时还作为老年大学“智能手机与生活”课程的配套教材使用。本书共十八章，分为基础篇和生活篇。基础篇介绍了智能手机的基本操作、智能手机上网、应用商店、手机相机、日常维护和保养等内容，生活篇从基础应用、购物支付、居家生活、文化娱乐、旅游出行、健康服务六个方面介绍了微信、微云、支付宝、百度地图等常用智能手机应用的安装及使用。

本书可供刚刚接触智能手机的中老年人使用，还可作为相关学校的教材。





**图书在版编目（CIP）数据**

智能手机与生活/陈峥编著. —北京：电子工业出版社，2018.1

ISBN 978-7-121-33273-9

Ⅰ. ①智… Ⅱ. ①陈… Ⅲ. ①移动电话机－中老年读物 Ⅳ. ①TN929.53-49

中国版本图书馆 CIP 数据核字（2017）第 308715 号

策划编辑：刘小琳
责任编辑：杨秋奎
印　　刷：北京虎彩文化传播有限公司
装　　订：北京虎彩文化传播有限公司
出版发行：电子工业出版社
　　　　　北京市海淀区万寿路 173 信箱　邮编　100036
开　　本：710×1000　1/16　印张：7.25　字数：86 千字
版　　次：2018 年 1 月第 1 版
印　　次：2022 年 9 月第 20 次印刷
定　　价：29.00 元

凡所购买电子工业出版社图书有缺损问题，请向购买书店调换。若书店售缺，请与本社发行部联系，联系及邮购电话：（010）88254888，88258888。

质量投诉请发邮件至 zlts@phei.com.cn，盗版侵权举报请发邮件至 dbqq@phei.com.cn。

本书咨询联系方式：liuxl@phei.com.cn　（010）88254694

# 序

从手机诞生到现在，短短几十年的时间里，手机已经越来越深入我们的生活、学习和工作。随着移动互联网和智能手机的出现，手机给我们带来了极大的方便。

通过使用智能手机，我们能做的事情越来越多。我们利用智能手机和朋友保持着日常的联络，快速地查找资料；在手机上购物、订票、订旅馆、学厨艺、预约出租车、预约挂号、出行导航，等等。智能手机已经成为我们衣食住行、社交和娱乐的好帮手。

湖州市老年大学自 2013 年开设“智能手机与生活”课程，经过几年的教学，这门课已然变得越来越受欢迎了。“智能手机与生活”在课程设计上贴近学员的生活、健康、出行和支付等的实际需求。从实际的教学效果来看，学员对课程设计的实用性给予了充分的肯定。学员经常与我分享学会使用智能手机后的快乐。智能手机可以与远在异国或异地的亲人视频通话；学员们还在国际旅行中让手机充当翻译官，与外国人交流。当外国人向他们竖起大拇指的时候，他们的心里无比激动。2016 年，我教学员用智能手机写游记，在班里掀起了一股写游记的热潮，好多学员没有出去旅游，甚至把清晨、黄昏在河边公园散步的所见写成游记，向人们展示家乡的美。优步与滴滴刚刚兴起的时候，学员朋友也利用所学到的技能，熟练地在智能手机上打车，他们开心地告诉我：“我们也享受免费坐车了。”有一位学员在学期结束时对我说：“学会了微信，我仿佛打开了另一扇门……”每每当我收到这些信息的时候，我心里就格外高兴。学会使用智能手机，能真正为学员所用，真正方便衣食住行，这才是我们的目的。然而“智能手机”课程可参考的教材却几乎没有，为了让更多的学员受益，今年我再次对教材进行了改编整理，决定正式出版发行。

在本书的编写过程中得到了湖州市老年电视大学、湖州市老年大学、湖州联通小燕子公益小组等的大力支持，在此表示感谢！

在本书的出版过程中得到了顾建华夫妇的大力支持，在此致以我最诚挚的谢意，并祝顾建华夫妇平安健康！

在本书的使用过程中，如有教学交流需要可扫描书中二维码，加入本书读者圈；或随时联系邮箱：1623228505@qq.com。

陈　峥

2017 年 8 月 18 日于湖州

扫描二维码　加入读者圈
交流学习心得　下载相关资料

# 目　录

## 第一篇　基础篇

# 第二篇　生活篇

# 第一篇

## 基 础 篇

**导语：** 第一篇主要讲解智能手机的基本操作、智能手机上网、使用应用商店（APP）下载应用、手机相机的使用，以及智能手机的日常维护和保养，等等。掌握了基础篇的内容，学习应用篇就比较轻松了。

应用案例截图以华为手机为例，不同品牌手机会有小的差异。

# 第一章　智能手机基本操作

## 第一节　手机功能键位置

每部手机都有六个面：正面、反面、顶部、尾部、左侧、右侧。

手机的功能键就安排在这六个面，一般手机的功能键如下：

正面：副摄像头、亮度传感器、听筒、主屏、导航键。

反面：主摄像头、闪光灯、指纹锁。

顶部：降噪麦克风。

尾部：USB 充电口、耳机插孔、话筒、扬声器。

左侧：SIM 卡槽。

右侧：音量控制键、电源键。

**提示：**手机品牌不同，六个面的功能键安排会有一些细小的差异，请根据本书介绍的主要功能键，找一找自己手机的功能键分别在什么位置。

学习心得及摘要

扫描二维码　加入读者圈
交流学习心得　下载相关资料

## 第二节　手机正面功能区划分

状态栏：时间、电量、移动及无线网络信号和通知。

显示区域：显示的内容可以自由选择。

分屏指示

快捷操作栏：拨号、浏览器、联系人、信息和相机等。

## 学习心得及摘要

扫描二维码　加入读者圈
交流学习心得　下载相关资料

## 第三节　操作手势

智能手机一般都配有一个触摸屏，触摸屏的操作手势一般有以下几种：

**单击**：用一个手指轻轻触碰目标一次。

例如：单击以确认选择或打开应用程序。

**单击：**

- 打开某个应用，如打开微信、图片等。
- 拍照时按快门。

**双击：**

查看微信文字时，双击可放大页面。

**长按**：触碰目标并长按 2 秒以上。

例如：长按主屏幕空白区域，可打开选项菜单。

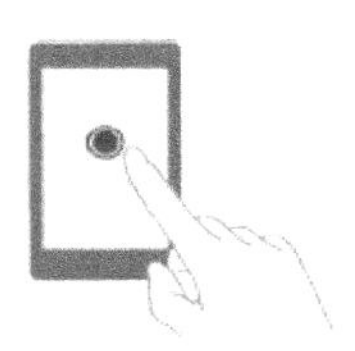

**长按：**

- 复制或删除文字、图片等。
- 移动或删除 APP 图标。
- 调用桌面菜单。

**滑动**：在屏幕上下或左右滑动手指。

例如：在屏幕上左右滑动可翻页。

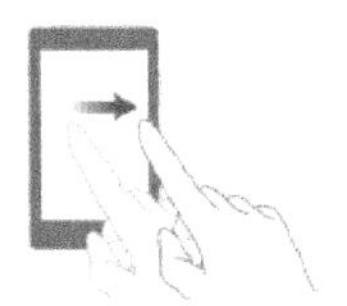

**滑动：**

- 翻页，左右滑动。
- 快速设置，上下滑动。

**拖动**：长按目标，然后将其拖动到屏幕其他位置。

例如：在屏幕上拖动图标以改变其放置位置。

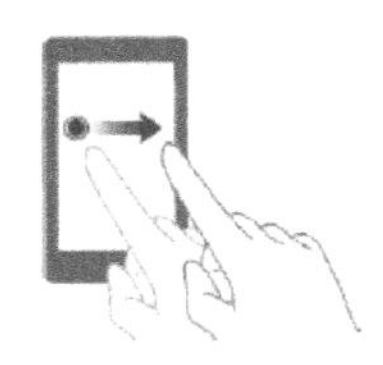

**拖动**：

- 改变 APP 图标位置。
- 整理文件夹。

**缩放**：两个手指分开放大画面，合拢缩小画面。

例如：看照片或浏览网页时，可用此手势将照片或网页放大或缩小。

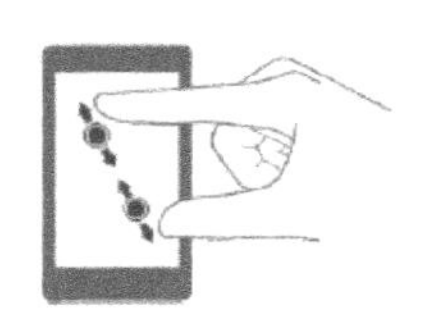

**缩放**：

- 放大或缩小。

# 第二章　智能手机上网

智能手机的一个重要特征就是具备无线接入互联网的能力。上网方式主要有两种：一是通过移动互联网上网；二是通过无线局域网上网。

## 第一节　移动互联网上网

智能手机具备移动互联网上网的几个条件：

（1）手机支持4G网络。

（2）有4G网络。

（3）手机的SIM卡支持4G。

（4）用户已开通4G上网功能。

使用移动互联网上网的设置方法：

（1）手指在触屏自上而下滑动，出现右图所示的下拉菜单。有些手机滑动一下只出现一行菜单，同样的手势再重复一次就出现了完整的下拉菜单。分别将第一行和第四行的“移动数据”和“4G开关”打开。

（2）依次单击设置—移动网络，将移动数据开关打开，如右图所示。

← 移动网络

通用

移动数据

启用后，产生的流量将由运营商收取相应费用

AP

PC

PPC

## 学习心得及摘要

扫描二维码 加入读者圈

交流学习心得 下载相关资料

## 第二节　无线局域网上网

家庭 WLAN 上网是指通过一台小型的无线路由器，在直径 50 米的范围内通过无线信号实现互联网的访问。

（1）由于受到穿墙等能力的限制，实际的上网范围可能会小于 50 米。

（2）一般支持 *N* 个终端同时上网，终端个数与无线路由器性能有关。

（3）如果电视点播的机顶盒也连接无线路由器，家庭宽带的带宽要求达到 6M 以上，最好能达到 10M。

（4）家庭无线路由器最好设置密码，以方便管理。

**无线局域网上网连接步骤：**

第一步，打开手机“设置”程序。

第二步，进入下图所示的 WLAN 操作界面。

第三步，把 WLAN 右边的开关键打开，在“可用 WLAN 列表”中会出现多个无线局域网的名称，选择要加入的无线局域网。

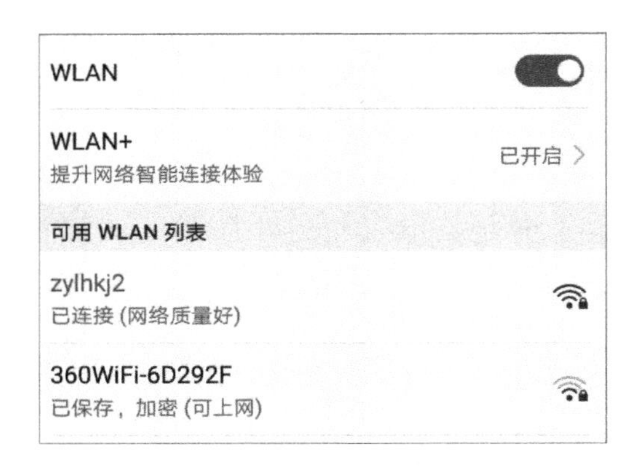


第四步，输入密码，点击连接，完成。

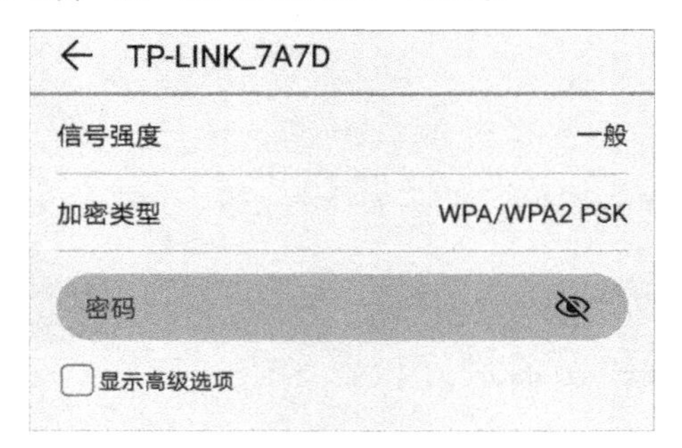


以后，进入曾经连接过的无线局域网覆盖区域，若该网络未修改密码，打开 WLAN 开关，则手机会自动连接该网络。

## 学习心得及摘要

--------------------------------------------------------------------

--------------------------------------------------------------------

--------------------------------------------------------------------

--------------------------------------------------------------------

扫描二维码 加入读者圈
交流学习心得 下载相关资料

# 第三章　应 用 商 店

**APP 是什么?**

APP 是英文 Application 的简称，翻译成中文是“应用”的意思。通常是指使用 iOS 系统或安卓系统等的智能手机的第三方应用程序。

**手机应用商店是什么?**

手机应用商店，又称为手机软件商店，也可以称为 APP 商店，是于 2009 年由苹果公司提出的概念。应用商店诞生的初衷，是让智能手机用户在手机上完成更多的工作和娱乐。手机应用商店里的内容涵盖了手机软件、手机游戏、手机图片、手机主题、手机铃声、手机视频等几类。

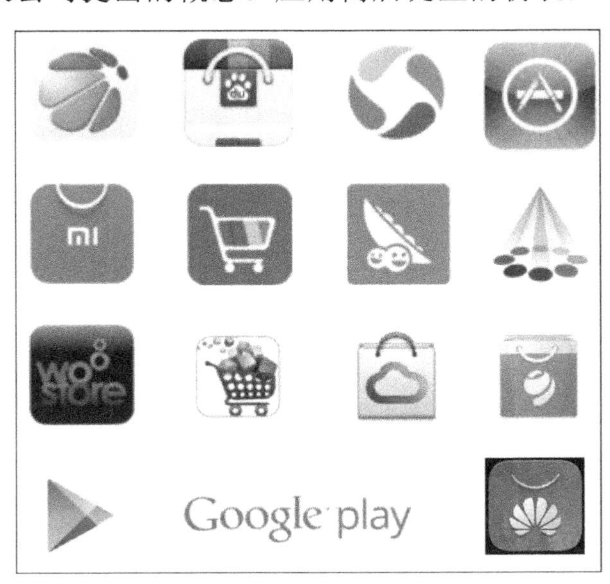


右图列举了一些常见手机应用商店的 APP 标识，依次是 360 手机助手、百度手机助手、应用宝、APP STORE、小米应用商店等。

## 第一节　手机应用商店的作用

商店就是销售产品的地方，手机应用商店就是销售手机应用（手机 APP）的地方。

如果您想在手机上安装“微信”，就去手机应用商店搜索“微信”，然后下载、安装。

需要注意的是，苹果应用商店，需要注册苹果 APP STORE 账号，设置密码才能下载安装 APP。苹果 APP STORE 账号一般通过邮箱申请。如果您使用的是苹果手机，请让子女帮助您注册账号，设置密码，并记录下来：

账号：________________

密码：________________

### 学习心得及摘要

................................................................

................................................................

................................................................

扫描二维码　加入读者圈
交流学习心得　下载相关资料

## 第二节 手机应用商店使用方法

**认识和记住这个图标——搜索键**

单击打开手机应用商店，出现左图页面。

（1）搜索安装 APP 的方法。

第一步，在搜索栏输入要安装的 APP 名字，可以是精确的，如“百度地图”；也可以是关键字，如“导航”。

第二步，在出现的多个推荐的 APP 中找到想安装的，点右侧的“下载”“安装”按钮。出现“打开”按钮时，说明已经安装完成。

（2）管理更新 APP 的方法。

第一步，单击“管理”。

第二步，需要更新的 APP 会出现在列表里，单击右侧的“更新”按钮便完成更新。

### 学习心得及摘要

扫描二维码　加入读者圈
交流学习心得　下载相关资料

# 第四章　手 机 相 机

如今手机拍摄已经普及，高端智能手机的成像素质已经可以与入门卡片机相媲美了。智能手机作为大家每天随身携带的数码设备，用来拍摄记录身边发生的事情，偶然遇见的景色，实在是再合适不过了。那么，如何才能用手机拍出精彩的照片呢？

## 第一节　智能手机拍照指标

### 一、光圈

光圈是以一个大于 1 的数表示的，它是用镜头的焦距除以孔径来计算的。光圈数值越小，进光量越大，在暗光下就越容易拍摄出清晰的照片。2000 元以内的卡片相机，最大光圈普遍在 3.5 左右。而现在智能手机配备的自动对焦摄像头，光圈一般在 2.8 左右，比卡片相机要大一些。

**光圈应用实例：**

下面两幅图是在同一时间、地点和角度拍摄的照片，由于测光区域不同，拍出来的照片效果也不同。左图的测光区域在光线较暗的区域，因此光圈放大，进光多，明亮的区域就有些曝光过度；而右图的测光点是光最强的区域，因此光圈自动调整，进光量减少。两张照片对比可以明显看到光圈在手机摄影中应用不同，成像效果也不同。

手机相机光圈的调整非常容易，只要选择一个合适的测光点，手指点一下就完成测光和对焦了。

## 二、像素

目前，智能手机摄像头的像素普遍在 500～800 万。高端拍照手机已经达到 1200 万以上的像素。其实，500 万像素是一个临界点，因为大家平时常用的相片冲洗尺寸是 6 英寸，也就是 6 英寸×4.5 英寸，按照 300dpi 的清晰度，需要的分辨率是 1800×1350=243 万像素。考虑到剪裁的富裕量，500 万像素已经足够冲洗出清晰的 6 英寸照片了。

## 三、清晰

智能手机拍照方便，但遗憾的是很多人用手机拍的照片放大以后都是模糊的，所以用手机拍照的关键是要保持设备稳定，尽量把照片拍清晰。

# 第二节　手机相机常见功能及设置

**在下图中可以看到哪些关于手机相机的信息？**

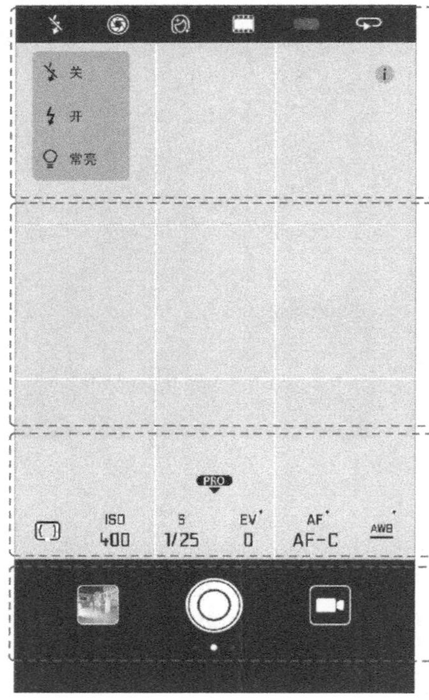


这些图标分别表示：

闪光灯、大光圈、美肤、色调、影调、切换摄像头。

单击每一个图标都会有下拉菜单，可以选择相应的功能开关。

主屏有淡淡的格子，这些格子是方便构图的参考线。

手机构图技巧——三分法：风景类的构图，地平线/水平线(竖直取景的竖直线)一定要平；在保持平的基础上，将被拍摄主体置于画面的三分之一处。

这些图标分别表示：

测光模式、感光度、快门时间曝光值、对焦方式、白平衡。

这些图标分别表示：

快速回看、快门、切换摄像与拍照。

**生僻摄影专用名词解释**

（1）AF-C：连续对焦，适合拍摄移动物体。

（2）AF-S：单次对焦，适合拍摄静止物体。

（3）AF-A：自动对焦跟踪模式，相机自动判断拍摄物体的移动性，自动选择使用 AF-C 还是 AF-S。拍摄运动的物体时它会连续对焦，拍静态物体时它会单次对焦。

（4）MF：卡口镜头。有的单反相机镜头上标有“AF-S”字样，表示的是超声波马达镜头。

# 第三节　手机相机的预设模式

**拍摄模式解释**

（1）HDR。HDR，High-Dynamic Range，译为“高动态范围”。简单地说，就是让你的照片无论高光部分还是阴影部分的细节都很清晰。

（2）全景拍摄。全景拍摄是指将拍摄的多张图片拼成一张全景图片。

（3）夜景与流光快门。夜景与流光快门模式一般需要配合使用支架完成。

（4）有声照片。有声照片是指在拍照的同时，可以录 15 秒左右的语音。回看照片时，语音会与照片一起呈现。

选择拍摄模式，只要单击，选择相应模式即可。

## 学习心得及摘要

# 第四节　手机相机的设置

从右图可以看到，手机相机的设置功能可以设置分辨率（成像大小）、RAW 格式、地理位置等诸多功能。一般来说，分辨率、地理位置、参考线、定时拍照、水平仪等功能常规智能手机的相机都可以设置。

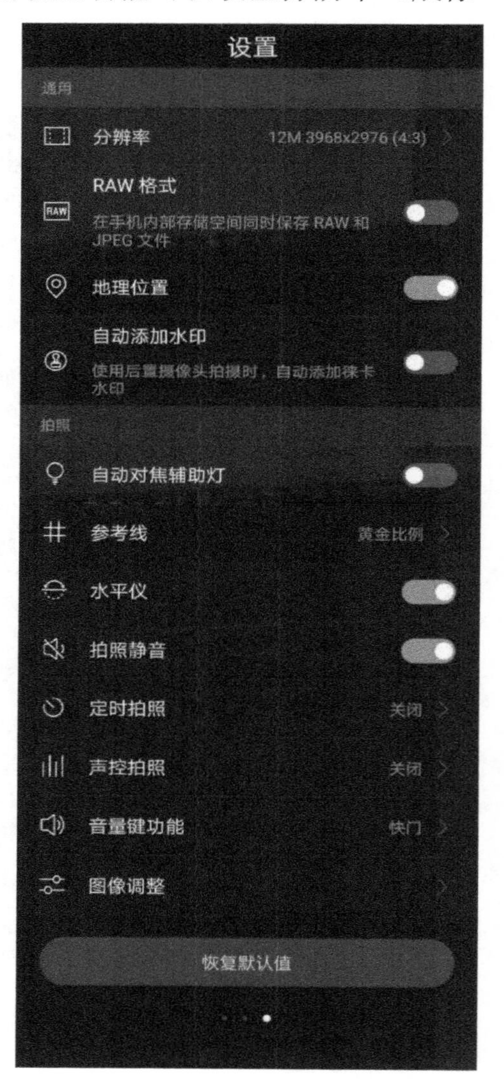


RAW、声控拍照、自动添加水印等功能仅有部分配置较高的手机才有。

“RAW”是个英语形容词，译为“原始的，未加工的，未成熟的”。

简单地说，RAW 是照片的格式文件，就是相机生成的数码文件，不是图像文件。

因为没有经过任何处理，RAW 文件带有相机所能记录的全部信息。相机拍摄生成的jpg 文件，是相机对 RAW 数据做了后期处理，压缩后得到的图像文件。

RAW 格式照片更适合于后期处理。

## 第五节　手机相机摄影基础

除了要熟练地掌握手机相机的设置外，还需要掌握一些摄影基础知识。把摄影二字分开看，摄即构图，影即光影，下面通过实例讲解手机摄影的构图和光影。

### 一、网格线辅助构图应用实例

“三分法”基本目的就是避免对称式构图。在下图中，可以看到与“黄金分割”相关的四个点，用十字线标示。“三分法”在使用中有下图所示的两种基本方法。

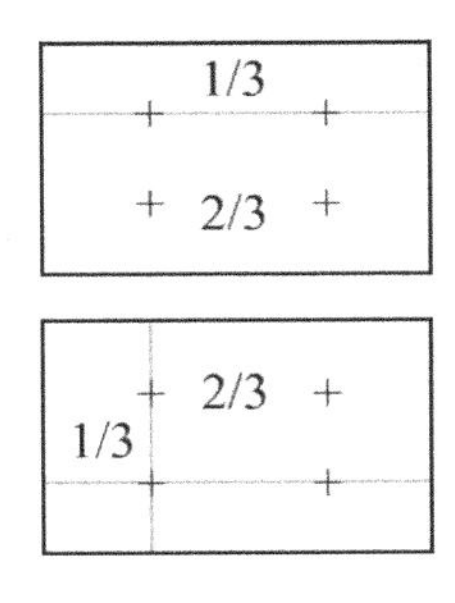

## 二、光线应用实例

余晖，向着阳光，调低曝光，按下快门。下左图为操作画面，下右图为成片。

手机的测光非常方便，手指点在屏幕的位置就是对焦与测光点。现在有些手机的对焦点与测光点是可以分离的，即长按对焦点，再拖动就可以直接把测光点移到你要的位置。如右图，当测光点移到光线较亮的位置时，画面整体亮度降低；当测光点移到光线较暗的位置时，曝光增加，画面提亮。

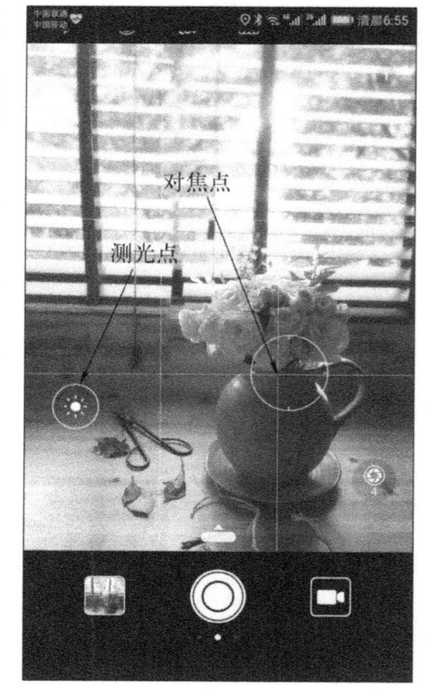


对焦与测光点无法分离的手机，当确定对焦点后，手指向上或向下拖动，可以增加或减少曝光。

# 第五章　日常维护和保养

与所有的物品一样，如果想用得长久并保证其正常运行，是需要一些必要的保养的。手机的保养包括硬件保养及软件维护管理两个方面：硬件的保养包括电池、屏幕、各个连接口等的维护保养；软件的维护管理包括内存垃圾的清理、系统的升级以及 APP 的及时更新等。

## 第一节　硬件保养

### 一、屏幕

屏幕是手机的核心部件，在触摸屏当道的时代，手机屏幕保养是一件很重要事情。手机屏幕保养主要是预防破裂及划伤，应避免强力撞击及摔打，更要避免用尖锐的物品划伤屏幕表面。因此要注意不要把手机与包里的杂物混放；也不要把手机放在裤子后面的口袋里，坐的时候容易压弯手机或坐碎屏幕。

使用新手机时，一般会贴屏幕保护膜来保护屏幕；另外，还可以定期用棉花蘸少许无水酒精，擦拭手机表面祛除污渍。在屏幕上放一小块磁铁，能发现电容屏会出现暂时性失灵，时间长了就会造成永久性失灵。所以要尽量避免让手机与音箱或其他具有磁性的物品近距离接触。

## 二、外表

手机壳可以防止手机掉漆，还可保护手机磕碰的时候不在手机外表留下划痕。

## 三、电池

手机电池怕潮湿，请勿长期在潮湿的地方使用手机。这样会使湿气渗入手机，侵蚀内部的电路板，导致短路。

例如：不能将手机长期放在浴缸、洗衣槽、地下室、游泳池等潮湿的地方，更不能让手机掉进水里。

## 四、充电配件

尽量不要使用非原装充电线或充电头，不稳定的电流会对电子元件造成极大的损害；尤其是非标配又十分便宜的充电器，缺少有效控制电路，危害十分大。很多事故都是电池原因造成的。如果手机的充电口接触某些金属后，会对手机的信号产生很大影响，一定要保持充电口的清洁。

## 五、环境

手机屏幕怕高温，当屏幕表面温度达到 40℃左右时，就可能引发漂移现象。长期处于高温下，电容屏就会降低寿命。所以在烈日炎炎的夏天，还是尽量避免让手机暴露在户外。智能手机长时间玩游戏也会引起机器高温；如果你遇到了高温情况，最好的方法就是将它晾凉。

## 六、充电

电容屏的工作原理：当手指接触到电容屏时，会带走屏幕上的点电流，屏幕会从四个角落均匀输送出均等的电流来填补到手指按压的位置，并以此来定位。所以在电压不稳的情况下，就会出现漂移，所以尽量避免电量低于20%时充电，智能手机电池随用随充比用尽再充要更好。

## 学习心得及摘要

扫描二维码　加入读者圈
交流学习心得　下载相关资料

## 第二节 软件维护管理

相对硬件保养维护来说，软件的保养维护显得更复杂一些，它需要借助一些专业的应用来完成，本节以苹果手机为例。

### 一、操作系统升级维护

手机操作系统更新是为了更新功能，更新系统的稳定性，不过更新系统会占内存。

一般来说，操作系统更新到最新版本有利于手机的安全与稳定，因此建议及时更新。

但是，由于更新占用内存，老旧手机可能并不适合经常更新系统，只有当手机出现问题或者系统不稳定的时候才建议更新。要注意的是，更新的系统是不能卸载，或者还原的。

< 通用　软件更新

iOS 10.3.3
Apple Inc.
83.2 MB

iOS 10.3.3 包含问题修复以及对 iPhone 或 iPad 安全性的改进。

有关 Apple 软件更新安全性内容的信息，请访问此网站：
https://support.apple.com/zh-cn/HT201222

下载并安装

右图是智能手机操作系统更新提示。一般来说，更新提示会给出版本号、更新解决和改善的问题等信息。

### 二、APP 的更新

当手机应用商店的右上角出现右图所示的带红圈的数字时，说明手机有 $N$ 个 APP 需要更新。

打开应用商店，在管理菜单中可以看到右图所示的待更新列表，只要单击右边的更新按钮就可以完成 APP 的更新。

## 三、内存维护

手机的内存通常指运行内存 RAM 及只读内存 ROM。

（1）运行内存 RAM。手机的运行内存 RAM 是指存储或者暂时存储运行程序的地方。RAM 越大，手机可运行的 APP 越多，运行速度越快。目前，基本的运行内存 RAM 为 2～6GB。

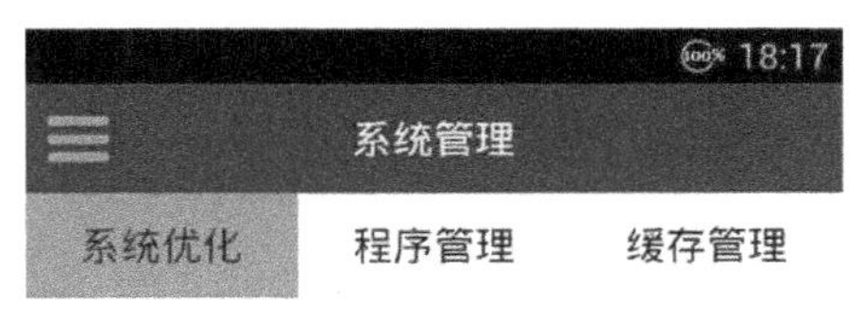


如果手机本身容量足够，RAM 增加并不能提升太多程序运行速度，但能更好地保证手机的正常运行。

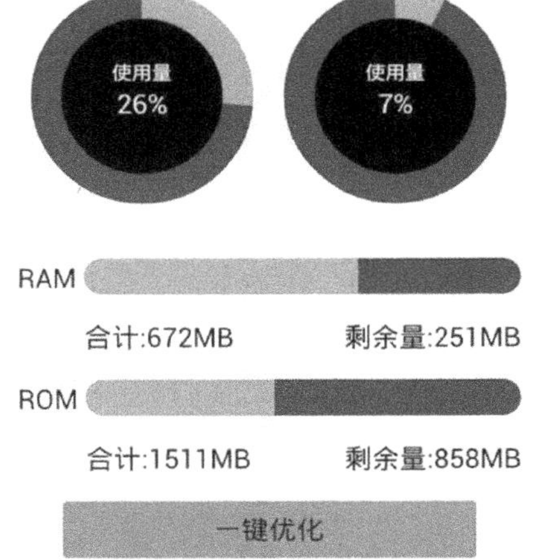


（2）只读内存 ROM。只读内存 ROM 又称为储存空间。ROM 越大，手机储存的文件数量越多，ROM 的大小（16GB、32GB、64GB 等）不影响手机运行速度。

ROM 一般包括系统空间、用户安装程序空间、用户储存空间三个部分。

手机产生的垃圾往往会“吃”掉你更多的运行内存，因此要及时清理手机垃圾。

**智能手机的垃圾是如何产生的？**

（1）程序运行产生缓存。

（2）下载的游戏或软件的残留文件。

（3）微信缓存（日志缓存、游戏缓存等）、聊天记录、图片文件、语音文件、视频文件等）、这些是用户在使用微信过程中产生的垃圾文件。微信缓存基本都是无用文件，可以使用一键清理；聊天记录等内容应手动清理，以免误删。关注的微信公众号也会产生缓存垃圾。

（4）QQ 存在与（3）相同的问题。

（5）浏览网页形成的临时文件。

（6）长期不使用的 APP。

**四、日常维护**

（1）及时删除不需要的 APP。建议删除超过一个月不用的 APP，需要的时候再安装，删除方法如下：

方法 1：如下图所示长按 APP 图标，APP 晃动后将其拖到回收站，或单击图标上面的“×”。

方法 2：依次单击手机应用商店—管理—已安装管理—卸载。

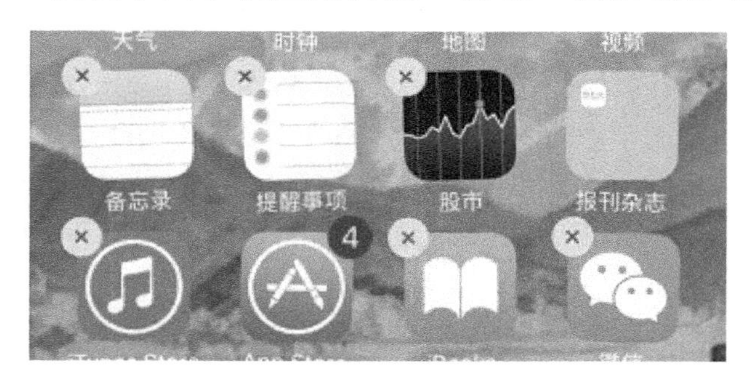

（2）通过“手机管家”等专业 APP 进行清理加速。

如右图所示，一般打开“手机管家”等 APP 后，会有“清理加速”“病毒查杀”等软件维护功能，单击相应的功能键就可以完成对应的功能。

（3）微信—我—设置—通用—清理微信存储空间。

微信—我—设置—聊天—清空聊天记录。

（4）QQ—头像—设置—聊天记录—清空消息列表、清空所有聊天记录。

学习心得及摘要

扫描二维码　加入读者圈
交流学习心得　下载相关资料

# 第三节　其他安全信息

## 一、手机使用中的安全问题

（1）避免超过一小时的长时间通话。长时间通话使电路板发热，辐射能量产生热效应，会对人体产生危害。

（2）不要在充电时通话。充电时，电池热量会增加，通话会使热量快速上升，引发危险。带电通话出现过多起触电死亡案例。

（3）不要购买劣质电池。应经常检查电池状态，如果发现电池膨胀等现象，应及时更换，否则一旦电池爆炸，后果严重。

（4）为减少辐射的影响，尽量使用耳机接听电话。

（5）在信号弱或电池电量不足的情况下尽量不用手机，这时辐射量会增大。

（6）夜间不要将手机放在枕边，最好放在卧室外面，减少辐射。

（7）在接通前和接通的瞬间，手机尽量离身体远一些。

## 二、信息时代注意防骗

（1）不要安装或打开未知的软件或安装提示。

（2）不要随便打开通过短信、彩信、网页中的弹出窗口等途径跳出的链接。

（3）不要轻信通过电话、QQ、微信等途径发来的消息。尤其应警惕借钱信息，微信经常出现招人、找宠物等信息，这些信息的共同点就是都有一个回拨电话，回拨过去很可能会落入骗子陷阱。

总之，在使用手机的过程中，既要让它成为我们生活的好帮手，又要注意保护身体，尽量减少辐射等带来的伤害；同时，更要注意提高防范意识，避免受骗。

## 学习心得及摘要

扫描二维码　加入读者圈
交流学习心得　下载相关资料

# 第二篇

## 生 活 篇

**导语：** 从这里开始我们将进入第二篇——生活篇。在手机应用商店中，APP 是进行了分类的。本书围绕中老年朋友衣食住行的实际需求，从基础应用、购物支付、居家生活、文化娱乐、旅游出行等几个方面，分别介绍了常用的 APP。

# 基 础 应 用

扫描二维码　加入读者圈
交流学习心得　下载相关资料

# 第六章　微信及其基本功能

2017 年 4 月 24 日，腾讯旗下的企鹅智酷公布了“2017 微信用户&生态研究报告”。根据报告数据显示，截止到 2016 年 12 月微信全球共计 8.89 亿名月活用户，而新兴的公众号平台拥有 1000 万个。微信这一年来直接带动信息消费 1742.5 亿元，相当于 2016 年中国信息消费总规模的 4.54%。（此信息来自网络）

## 第一节　注册登录

操作步骤见下图。

（1）在“昵称”选项框中填写微信昵称。

（2）在“手机号”选项框中填写有效手机号码。

（3）在“密码”选项框中输入密码，应设置包含字母和数字的八位以上的密码。

（4）单击注册。

（5）接收短信验证码，并将验证码输入“验证码”选项框中。

（6）单击“下一步”按钮，等待验证。

（7）匹配手机通讯录好友，如果不想通过通讯录添加好友，可选择“了解更多”。

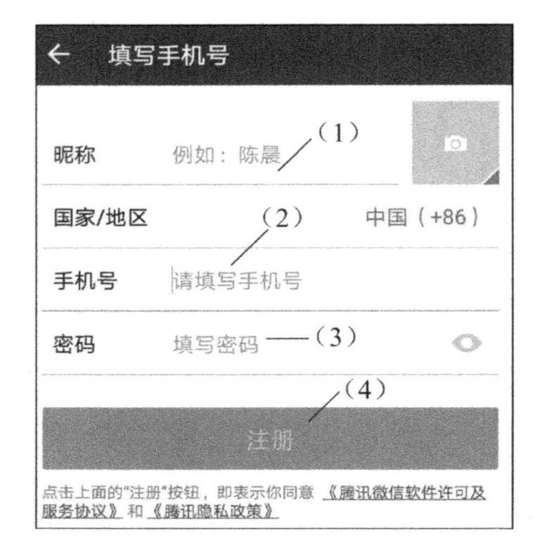

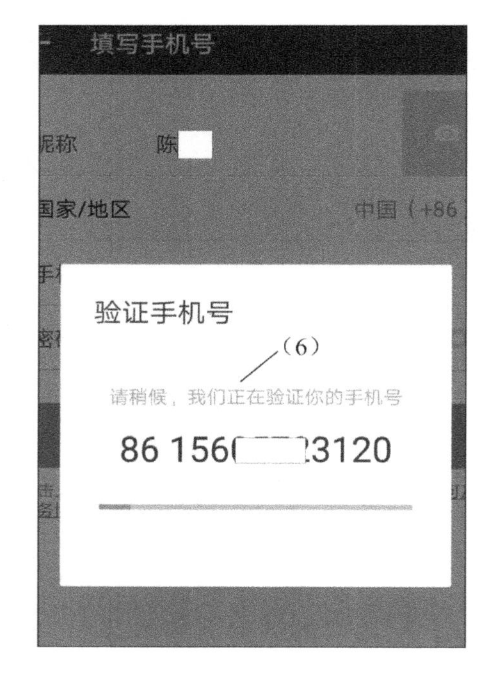


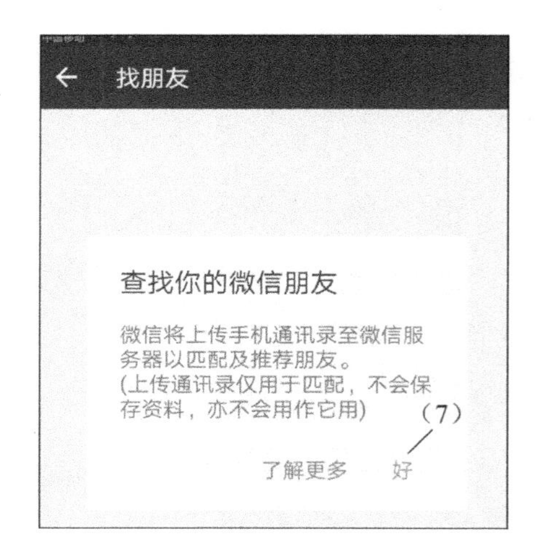


通过手机通讯录匹配好友，可以让你立即了解哪些好友在使用微信，并加为好友。

如果不希望通过手机通讯录查找微信好友则点击“以后再说”。

恭喜您成功注册为微信用户。

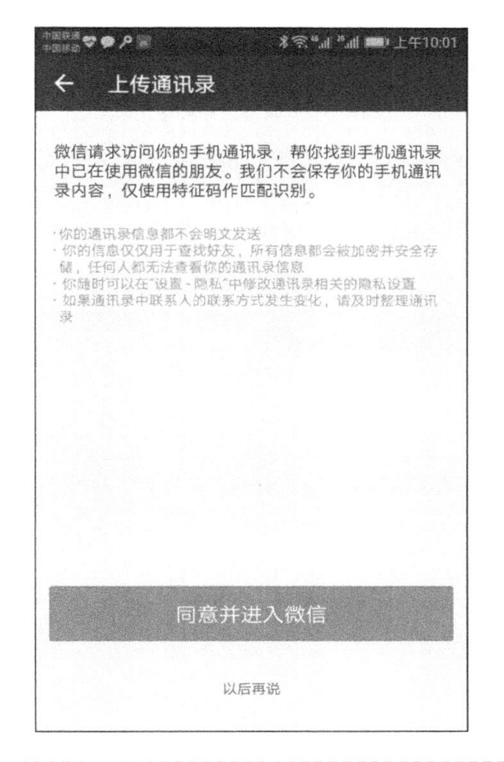

**怎样注册、登录微信用户？**

方法一（推荐方法）:

（1）用手机号注册登录。

单击注册—输入手机号码—输入密码—单击注册—获取验证码—登录成功。

（2）用手机号注册的微信用户忘记密码怎么办？

单击“登录遇到问题”—用短信验证码登录—接收短信—输入验证码—登录成功—输入两遍新的密码—记住密码—重新登录。

方法二:

（1）用 QQ 号码注册登录。

打开微信—直接用 QQ 号码登录—输入 QQ 号码—输入 QQ 密码—登录成功。

（2）用 QQ 号码登录的微信用户忘记密码怎么办？

单击“登录遇到问题”—找回 QQ 密码—输入账号和验证码—确认—选择找回方式—接收短信—按提示编辑短信发送到指定号码—按短信提示重置密码—记住密码—登录。

## 学习心得及摘要

扫描二维码 加入读者圈
交流学习心得 下载相关资料

## 第二节　管理个人信息

个人信息的打开路径：微信—我—单击右上图所示位置。

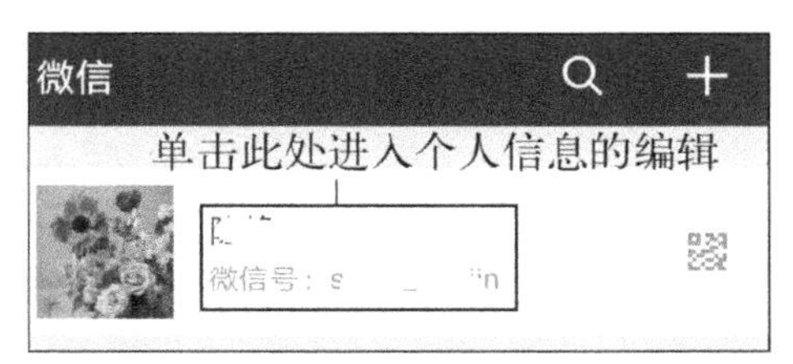


微信个人信息包含以下内容：头像、昵称、微信号、二维码名片、性别、地址等，如右下图所示。

个人信息
头像
昵称
微信号
二维码名片
更多
我的地址

单击“头像”，在相册里选择相应的照片上传，以修改头像。单击“昵称”修改昵称。单击“二维码名片”自动生成微信二维码名片。单击“更多”可以选择性别、地区以及个性签名。单击“我的地址”增加地址和联系电话。

### 学习心得及摘要

扫描二维码　加入读者圈
交流学习心得　下载相关资料

# 第三节　添加微信好友

单击微信右上角的“+”，通过“添加朋友”或“扫一扫”添加微信好友。

（1）单击“添加朋友”，键入微信号/QQ 号/手机号，然后单击“搜索”，找到朋友后发送消息，可以写“我是×××”，然后等待朋友接受邀请。

（2）单击“扫一扫”，请对方打开个人信息中的二维码名片，扫描成功后，单击“加为好友”，填写认证信息“我是×××”，等待朋友通过认证。

**如何接受朋友发来的添加好友邀请？**

朋友可以搜索你的微信号、手机号、QQ 号，向你发出邀请，添加你为微信朋友。接收到邀请后，先打开微信，单击下方的通讯录，单击“新的朋友”，就会看到好友邀请你成为他的微信朋友。如果同意，就单击右侧的“接受”；同时可以发送消息，与好友联系。

学习心得及摘要

------------------------------------------------------------

------------------------------------------------------------

扫描二维码　加入读者圈
交流学习心得　下载相关资料

## 第四节 管理朋友信息

微信好友会使用个性化昵称，如“春华秋叶”，难以识别身份，影响交流。

此时，可以在自己的微信上修改他（她）的备注信息。

单击“设置备注和标签”修改他（她）的备注信息，如右上图所示。

单击后出现右下图内容，按需填写完整，使他（她）的身份容易识别，方便交流。

在“备注名”中填写其真实姓名。在“标签”中添加“朋友”“同事”“客户”“微商”等标签。在“电话号码”中添加联系电话。在“描述”中添加详细备注，方便在众多联系人中用最快的速度把他（她）找出来。在“附加图片”中添加名片或其他相关图片。

**怎样修改微信朋友的昵称？**

打开朋友的微信，单击右上方的头像—单击左上方的图标—单击右上方的“⋮”—“设置备注及标签”—在“备注名”下方，键入备注名—如果还有其他信息一并填写完成—单击“完成”即可。

**为什么朋友和我的微信号都没有错，但是就是添加不上？**

这是因为你（或朋友）的微信设置不正确。

检查方法：打开微信，单击“我”—“设置”—“隐私”，在“可以搜索到我”一栏中，查看是否允许通过微信号、手机号、QQ 号搜索到我。只要打开相应的设置（变成绿色）就可以了。

## 学习心得及摘要

扫描二维码　加入读者圈
交流学习心得　下载相关资料

## 第五节 即时通信

**与朋友微信聊天有哪几种方式?**

（1）发送文字消息。

（2）发送语音消息。

（3）发送图片消息。

（4）发送表情图片、动画等消息。

（5）发送视频和音乐等消息。

（6）发送网页链接消息。

（7）视频聊天。

（8）语音聊天。

### 学习心得及摘要

扫描二维码　加入读者圈
交流学习心得　下载相关资料

## 第六节　输入文字信息

单击“输入文字处”时，就会出现下图所示的输入键盘。

键盘包含了中英文输入，要切换中文输入法，单击下图“拼音”的位置。

单击“拼音”后，就会出现右图所示的中文输入法切换界面。此时，可以选择“手写”“五笔”“笔画”等输入法，同时根据自己的使用习惯选择拇指（9 键）或全键（26 键）键盘。

### 怎样用两种拼音键盘发送文字信息？

打开微信，单击好友头像，弹出聊天对话框，单击屏幕下方的空白处，屏幕的下半部分就会出现键盘或写字板（取决于原来的工作状态）。输入文字后，单击“发送”，文字信息就发送出去了。

**怎样手写发送文字信息？**

打开微信，单击某位朋友后，单击屏幕下方的空白处，屏幕的下半部分就会出现键盘或写字板（取决于原来的工作状态）。单击工具条上的“手写”选择“半屏手写”或“全屏手写”，然后，就可以输入文字了。写完后单击“发送”，就将文字信息发送出去了。

**怎样发送一段不超过一分钟的语音？**

如果感到键入拼音文字的速度太慢，可以发送语音信息给朋友。方法如下：打开微信，单击某位朋友后，单击屏幕下方的空白处，再单击左侧的声音图标，用手指按住方框后，屏幕上出现麦克风，这时就可以说话了。说完话，松开手指，刚才说的一段话就发送出去了，每次只能录60秒语音信息。

**如何将麦克风讲话转换为文字信息？**

如果感到键入拼音文字的速度太慢，而又想发送文字信息。那么，可以边讲话边将语音信息转换为文字信息。方法如下：打开微信，单击某位朋友，准备发送信息。单击“语音输入”，屏幕中央出现麦克风，提示“请说话”。这时开始讲话，讲完后，单击“说完了”，手机对刚才的语音进行“语音识别”后，将转换后的文字信息显示在文字信息栏中。对此信息进行适当的修改后，就可以发送给朋友了。

普通话讲得越标准，语音识别率越高。另外，常用词的识别率较高，专有名字（包括姓名）的识别率就比较低了。

## 第七节　发送图片

微信将分享图片变得十分方便。

只要选择聊天输入框右边的“+”号，选择“相册”，即可调用手机相册的图片，如右图所示，只要在相片右上方的“□”内打勾，图片就被选中了，一次最多可传送九张图片。想多传一些，可再重复一次以上步骤。

选择照片时，先选择（打钩）的先发送，用此办法可以安排传送照片的先后顺序。

**如何发送一段视频?**

如果想把手机录制好的一段视频发送给朋友，可以这样操作：打开微信朋友，单击屏幕右下角的“＋”号，单击“图片”，打勾选择视频，单击“发送”即可。

**发送视频时，容量有没有限制？视频容量太大怎么办?**

当然有限制。目前看来，发送一分钟以内的视频段，应该没有问题。如果视频太大，就需要将视频导出到计算机，经压缩，再导入回手机后发给朋友。

**怎样撤回已经发送的信息?**

如果觉得发给朋友的信息（文字、图片、语音、视频、网页链接等）不妥，可以在两分钟以内撤回此信息。方法是：按住已经发送的信息，再单击“撤回”。

**发现发出的文字信息有错，如何快速重发？**

如果向朋友发了一大段文字信息，发出后，发现有错误或不妥之处。重新键入文字很费工夫，可以用下面的办法快速修改并重发。按住已经发送的文字信息，单击“复制”，然后按住文字输入框，单击“粘贴”，修改好文字信息后，再单击“发送”。

**朋友发来的信息有哪些类型？**

朋友发来的微信有很多种类型：图片、文字、表情、语音、视频、小视频、网页链接、Word、PPT 和 PDF 等。

**是不是朋友发来的信息我都能打开观看？**

一般的信息都能打开，但是目前微信软件还不能打开 Word、PPT 和 PDF 文档，如果要想打开这些文档，需要安装 WPS、Office 应用软件。

**如何转发、收藏和复制朋友发来的信息或资料？**

“转发”是微信朋友经常进行的操作。当收到朋友发来的（或自己发出的）图片、文字、表情、语音、视频、网页链接等，需要转发给别的朋友时，可以这样操作：长按所要转发的信息，会出现“复制、转发、收藏、翻译（英译中）、删除、更多”菜单，接着再单击“转发”，选择要转发的朋友，单击“发送”就可以了。

注：如何删除已收藏的信息？方法是：打开微信—我—收藏—长按要删除的信息—单击“删除”（若单击“更多”，可以同时删除一批信息）。

**怎样将朋友传来的照片保存到手机？保存到手机的什么地方？**

单击打开朋友发来的照片后，将全屏显示该照片，长按照片，再单击“保存到手机”。

目前大部分手机会默认在相册里生成一个“weixin”的文件夹，直接可以看到已保存的照片。

**如何删除聊天信息？**

（1）单个聊天信息的删除方法：长按欲删除的信息，再单击“删除”即可。

（2）某位朋友的全部聊天信息的删除方法：打开该朋友微信通信页面，单击右上角头像，再单击“清空聊天记录”即可。

（3）清空所有朋友的聊天记录：打开微信，依次单击我—设置—聊天—清空聊天记录。此操作慎用!

**如何传送收藏的信息（文字、图片、语音、视频和链接等）？**

发送收藏信息（文字、图片、语音、视频和链接等）的方法是：打开某个微信朋友，依次单击屏幕右下角“＋”号—我的收藏—需要传送的信息—发送，即可。

**如何与朋友视频聊天、语音聊天？**

与微信朋友视频聊天、语音聊天的方法是：打开某个微信朋友，依次单击屏幕右下角“＋”号—视频聊天—视频聊天或语音聊天，等待对方“接受”就可以进行视频聊天或语音聊天了。

注：如果在视频聊天过程中，图像信号不好，可以放弃图像，单击“切到语音聊天”，以确保语音聊天的通话质量。

# 第八节　建群

## 一、发起群聊

第一步，单击右上角“+”号，选择“发起群聊”。

第二步，在通讯录里，将要拉进群的朋友名片右侧的选择框内打勾。

第三步，单击右上角“确定”。

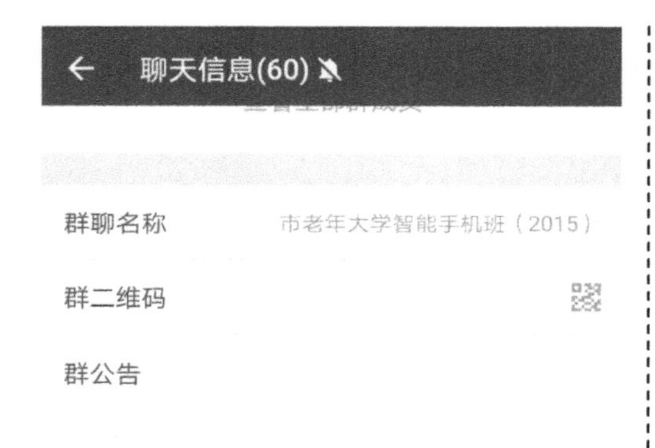


第四步，单击群右上角图标

出现群聊天信息，将菜单拉至“群聊名称”，单击修改群聊名称，完成建群。

## 二、面对面建群

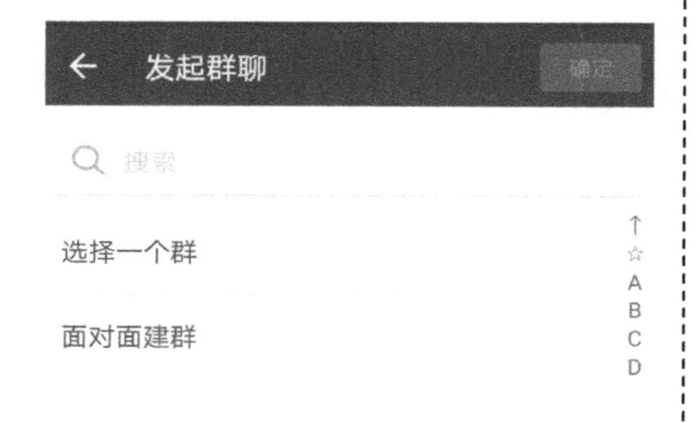


第一步，与“发起群聊”步骤相同，即单击右上角“+”号，选择发起群聊。

第二步，选择面对面建群。

第三步，根据提示，与身边的朋友约定同时输入相同的四字数字，如“2580”，当大家一起输入这四个数字时，点击进入“进入群聊”。

第四步与“发起群聊”步骤相同，修改群聊名称。

注：群主就是群的发起者，也就是第一个进入群聊的人，其他人员是群成员，只有群主有删除成员的权力。

# 第九节　邀请朋友加入群聊

【邀请】

单击群右上角图标出现群聊天信息，将菜单拉至“群聊成员”名单末尾，有一个“+”号和“-”号，“+”号用来添加成员，“-”号用来删除成员，“-”号只有群主有权限。群成员均可以邀请其他朋友加入群聊，单击“+”号，在通讯录相应的朋友名片右侧的选择框打上勾就邀请成功了。

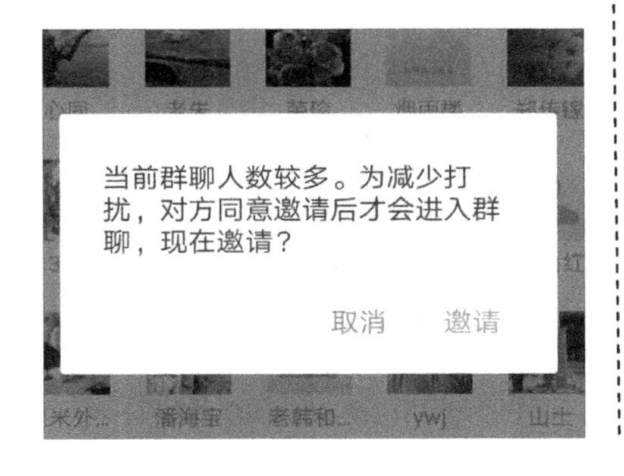


要注意的是，当群聊人数较多时，发出邀请后，需要朋友同意才会入群。此时邀请朋友入群，会出现左侧的提示，只要单击“邀请”就可以了。

注：群成员要退出聊天群，只要打开这个群，单击右上方头像，再单击“删除并退出”就可以了。群主要解散聊天群，先逐一将群成员删除，最后单击“删除并退出”聊天群就可以了。

## 学习心得及摘要

# 第十节　朋友圈

当你加了诸多微信朋友后，就有了一个称为“朋友圈”的圈子。

**什么是朋友圈？**

凡是与你添加为微信朋友者，都属于你的朋友圈，你也属于他的朋友圈。

可以通过朋友圈向朋友们发送信息；同时，也可以通过朋友圈接受朋友们发来的朋友圈信息。

**怎么向朋友圈发送图片和文字信息？**

（1）向朋友圈转发信息。打开你要转发的信息（如网页链接等），单击右上角的“⋮”，再点击“分享到朋友圈”。

（2）自己向朋友圈发送照片和小视频。打开微信，依次单击“发现”“朋友圈”、右上角相机图标、“照片”（如果不发照片，就单击“小视频”，选择要发送的照片（一次最多 9 张）后单击“完成”；在“这一刻的想法”位置上，键入说明文字，再单击“发送”，即完成。

注：如果不发照片，就单击“小视频”，拍完小视频后再发送。

**什么是“小视频”？怎样拍摄和发送小视频？**

小视频是可以即时发送的，且每个小视频不超过 10 秒。

向朋友、微信群发送小视频的方法：打开某个朋友或微信群，依次单击右下角“+”号、“小视频”，然后长按“按住拍”，再松手，就发送出去了。小视频会自动循环播放。

注：在拍摄过程中，若要取消此小视频，只要将按住的手指向

屏幕上方滑动就可以了。

**怎样收藏小视频?**

长按小视频单击“收藏”，即保存到收藏夹了。以后要发送此小视频，只要打开某个微信朋友，依次单击屏幕右下角的“+”号、“我的收藏”、需要传送的小视频、“发送”，即可。

**怎样在朋友圈发送纯文字?**

长按相机，就会直接弹出文字框，输入文字，单击发送。

**向朋友圈发送图文信息，操作上有什么要注意的问题?**

首先，一次传送图片，最多 9 张；因此，事前要考虑此组图片的主题，精选图片并考虑先后次序。其次，要准备好简要的文字说明；一字不讲，光发几张图片，会使人摸不着头脑。

**怎样不让某些朋友看到我向朋友圈发送的信息?**

有的微信联系人，仅仅是一般朋友，如果不想他（她）看到你发送的图片或其他信息，特别是涉及个人或他人隐私的图片，可以通过设置屏蔽。方法如下：打开微信—“我”—“设置”—“隐私”—“不让他（她）看我的朋友圈”—“+”—选择要屏蔽的朋友（打勾）—“确定”，即可。

**怎样才能不看某些朋友向朋友圈发送的信息?**

如果不想查看某些朋友通过朋友圈发来的信息（有些是广告），可以通过设置不看他的朋友圈信息。方法如下：打开微信—“我”—“设置”—“隐私”—“不看他（她）的朋友圈”—“+”—选择要屏蔽的朋友（打勾）—“确定”。

# 第十一节 微信公众号

## 什么是微信公众号?

微信公众号是开发者或商家在微信公众平台上申请的应用账号。通过公众号，商家可在微信平台上实现与特定群体的文字、图片、语音、视频的全方位沟通、互动，形成了一种主流的线上线下微信互动营销方式。实际上，微信公众号是商家做宣传和营销的一种平台。

如左图所示，在通讯录子菜单下有一个“公众号”通讯录，单击进入即可进行公众号的搜索、订阅以及查看。

## 怎样订阅“公众号”?

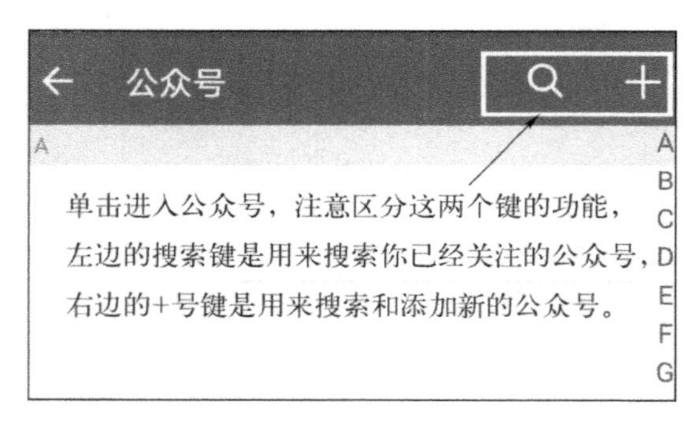


例如：老年大学、湖州联通营业厅、微信路况、瀚图影像、为你读诗、美团、国家博物馆、工商局等都有微信公众号。

订阅方法：只要打开通讯录，进入公众号，单击右上角的

"+"号，搜索要订阅的公众号，如"联通营业厅"，找到后单击"关注"即可。

**怎样删除"公众号"？**

由于不注意，订阅了一些公众号；或者感到关注的公众号太多，需要删除，可用如下方法。

打开微信—"公众号"—单击（不是"长按"）要取消的公众号—单击右上角头像—单击右上角"⋮"—单击"不再关注"。

## 学习心得及摘要

扫描二维码　加入读者圈
交流学习心得　下载相关资料

# 第十二节　微信小程序

**小程序是什么?**

小程序是一种无须下载安装，即可使用的手机应用。只需扫描二维码，或搜一搜，就能立即使用。

与 APP 不同的是，小程序无需下载安装、无需卸载、用完即走，那么意味着也不占手机内存，对于手机内存小的人来说，可谓是一大福音啊！此外，也不会推送信息骚扰到你，只能用户触发！

不同的小程序，能帮你实现不同的功能。例如，买电影票、餐厅排号、餐馆点菜、查询公交、查询股票信息、查询天气、收听电台、预定酒店、共享单车、打车、查汇率、查单词、买机票、网购……当然，作为微信的新产品，小程序只能在微信里使用。

首次使用小程序，只要单击微信首页搜索键，输入想要找的关键字。如搜“快递”，出现“快递 100 小助手”，单击它后在“发现”菜单下最后一行就会出现“小程序”，单击进去就可以看到已经浏览过的小程序。

如果想搜索其他小程序，进入小程序后，单击右上方的搜索键，输入关键字，单击相关链接。

想添加小程序，只要进入小程序，单击右上角的搜索栏，输入小程序的关键字，如“打车”“快递”等，找到以后，单击小程序进入，就添加成功了。

想添加小程序，也可以进入小程序，查看“附近的小程序”，附近有小程序的商家就会进入名单，如“麦当劳”“农行”等商家就会出现在小程序的名单里，同样，单击小程序就添加成功了。

## 学习心得及摘要

扫描二维码　加入读者圈
交流学习心得　下载相关资料

## 第十三节　文件传输助手

通过“文件传输助手”在手机与电脑（PAD 即平板电脑）间实现互传文件的步骤如下：

第一步，登录微信的方法。

**电脑登录微信的方法**。

电脑浏览器打开 wx.qq.com，打开手机微信扫一扫，扫描电脑屏幕上的二维码，单击手机上出现的“确认登录微信网页版”，电脑成功登录微信。

**PAD（平板电脑）登录微信的方法**。

下载微信安装成功，打开手机微信扫一扫，扫描 PAD 屏幕上的二维码，单击手机上出现的“确认 PAD 登录”，PAD 成功登录微信。

第二步，手机与电脑、PAD 互传文件。

在电脑或手机、PAD 上打开“文件传输助手”，单击“+”号，选择要传送的图片或资料，单击发送成功完成。

### 学习心得及摘要

扫描二维码　加入读者圈
交流学习心得　下载相关资料

# 第十四节　微信的常用设置

**如何改变微信“新消息提示音”？**

打开微信—“我”—“设置”—“新消息提醒”—“接收新消息通知”（方块变成绿色）—“通知显示消息详情”（方块变成绿色）—“声音”（方块变成绿色）—选择“新消息提示音” —“保存”后退出即可。

**什么是“勿扰模式”？如何设定?**

所谓“勿扰模式”，就是设置某一时间段，关闭微信通知铃声。

设置方法如下：打开微信—“我”—“设置”—“勿扰模式”—将勿扰模式的方框变成绿色，设置“开始时间”（如晚上10:00）和“结束时间”（如早上7:00），返回微信即可。

**什么是“群发助手”？怎样使用“群发助手”？**

“群发助手”是一种群发信息的工具。通过“群发助手”，可以同时向若干朋友发送图片和信息。

启用“群发助手”方法：打开微信，依次单击“我”—“设置”—“通用”—“功能”—“群发助手”（群发助手启用后，在微信中会出现“群发助手”图标）。

群发信息和图片：打开“群发助手”—新建群发—选择收信人（在方框中打勾）—下一步，就可以发送文字信息、图片或语音信息、收藏信息等给选择的群发对象了。

# 第十五节 购物和钱包

## 一、购物（在“发现”里）

依次单击“发现”“购物”，会进入“京东商城”。第一次使用京东商城购物，需要注册，只要单击左上方的头像旁边的“注册”，然后输入手机号码，设置京东商城密码和验证码就注册完成了。

注册以后，在个人中心还需要完善一下个人信息，包括：真实姓名、联系方式、常用收货地址等，这样才能确保网购的商品能准确无误地送到您手上。

在微信“京东商城”购物最大的方便之处就是可以使用微信钱包里的零钱进行支付，也就是说，有些老人怕上当受骗，不愿意使用网上银行等功能绑定银行卡，那么只要让子女亲戚帮您转少量的零钱在微信的钱包里就可以用来支付。当然京东商城也支持“货到付款”。

## 二、钱包

单击“我”，进入“钱包”，会发现微信更加强大的功能。

### 1. 银行卡

一个微信的钱包里可以绑定多张银行卡，而且没有开通“网银”功能的银行卡同样可以绑定后付款。

### 2. 付款

单击付款，会生成条形码和二维码，商户只要扫一下条形码或二维码，再输入要付款的金额，付款就成功了。不用担心商户多收钱，一旦付款成功，微信的钱包马上会给你发一个支付凭证，以确认付款信息。

### 3. 零钱

亲人朋友之间逢年过节发的红包，朋友给的转账等，都在零钱包里。零钱包的钱可以取现，也可以消费。

### 4. 转帐

金额大于 200 元的，就必须使用转账功能，转账可以使用零钱也可以直接从您绑定的银行卡中转。

### 5. 手机充值

通过“手机充值”可以给任何一部手机充值，如果是您本人的手机，还可以使用余额提醒、手机营业厅等功能。在“发现更多”里，甚至可以直接购买国际上网卡、给固话和宽带充值等。

### 6. 理财通

理财通具备日常理财功能。

### 7. 生活缴费

可以缴纳“电费”“水费”“固话宽带费”“煤气费”“交通违章”“有线电视费”等。

### 8. 城市服务

城市服务包括挂号平台、生活缴费、天气查询、志愿服务、出入境办证查询、公证服务、高考通知书查询、出行路况、购买汽车票等功能。

### 9. 第三方服务

第三方服务包括滴滴出行、火车票机票、酒店、电影演出赛事以及吃喝玩乐等功能。在吃喝玩乐里，可以直接叫外卖、订电影票等。

## 学习心得及摘要

# 第七章　微云及其基本功能

微云就是云计算的一个分支，是指云计算在某个局部范围里的某些应用。随着网络的发展，微应用将越来越广泛，就像微博一样，用起来简单、方便、快捷，微云将是云计算里的像微博一样能简单操作、方便、快捷的一种应用。微云也可以是云计算里一个小领域的应用，如家庭云，就是指一个家庭里组建起来的一个云计算的接入，这个家庭云就可以称为微云。无数的这种微云就组成了一个庞大的云计算。

## 第一节　安装

第一步，安装微云。在手机应用商店输入“腾讯微云”，如右图所示，找到腾讯微云，单击下载、安装，当出现“打开”的时候，说明APP已经安装完成。

第二步，安装完成，手机桌面上会出现微云图标，如下图所示。

## 学习心得及摘要

扫描二维码　加入读者圈
交流学习心得　下载相关资料

## 第二节　登录

登录微云的方法如下图所示。

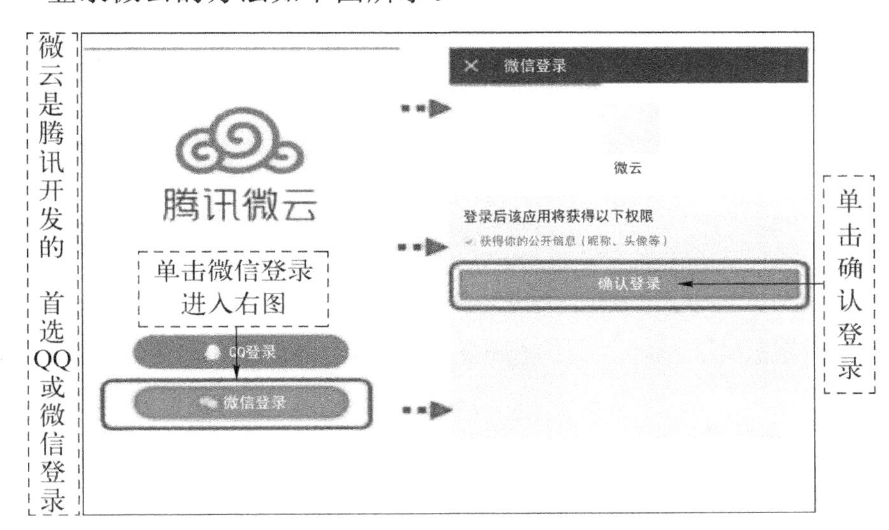


## 学习心得及摘要

扫描二维码　加入读者圈
交流学习心得　下载相关资料

# 第三节 照片和视频自动备份

照片和视频自动备份方法如下图所示。

照片和视频的自动备份操作完成后，照片在无线网环境下就会实现自动备份，通过手机自动备份到微云的照片会备份到名为“来自（手机型号）的相册备份”的文件夹里，按时间顺序自动整理。

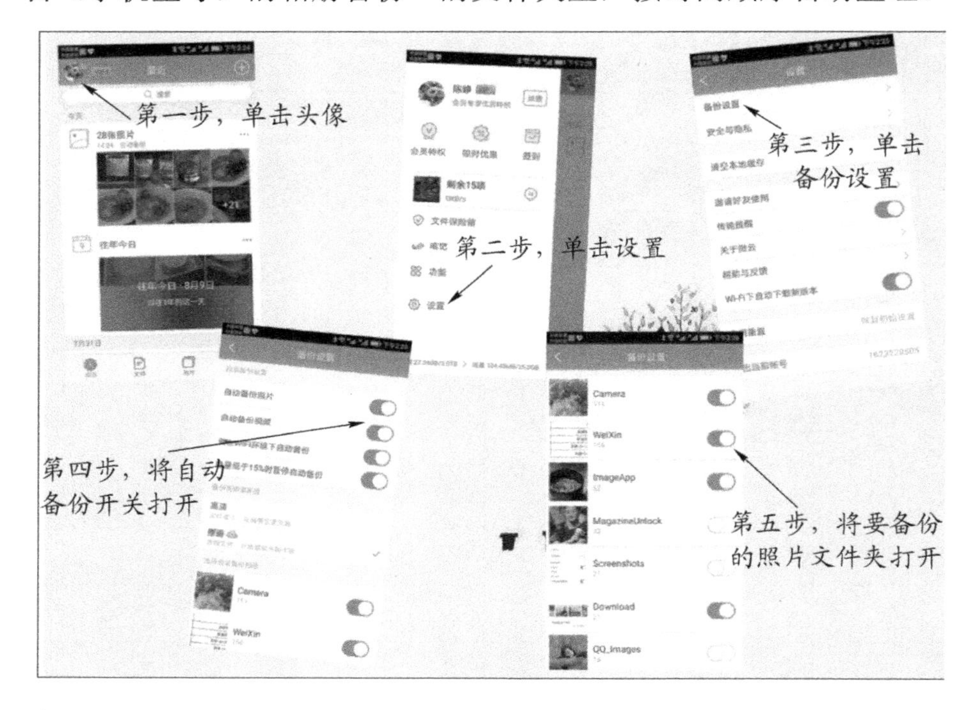

## 学习心得及摘要

扫描二维码 加入读者圈
交流学习心得 下载相关资料

## 第四节　音乐、文件和笔记的备份

音乐、文件和笔记的备份单击微云首页右上角的“+”号，会弹出菜单，以音乐备份为例，步骤如下图所示。

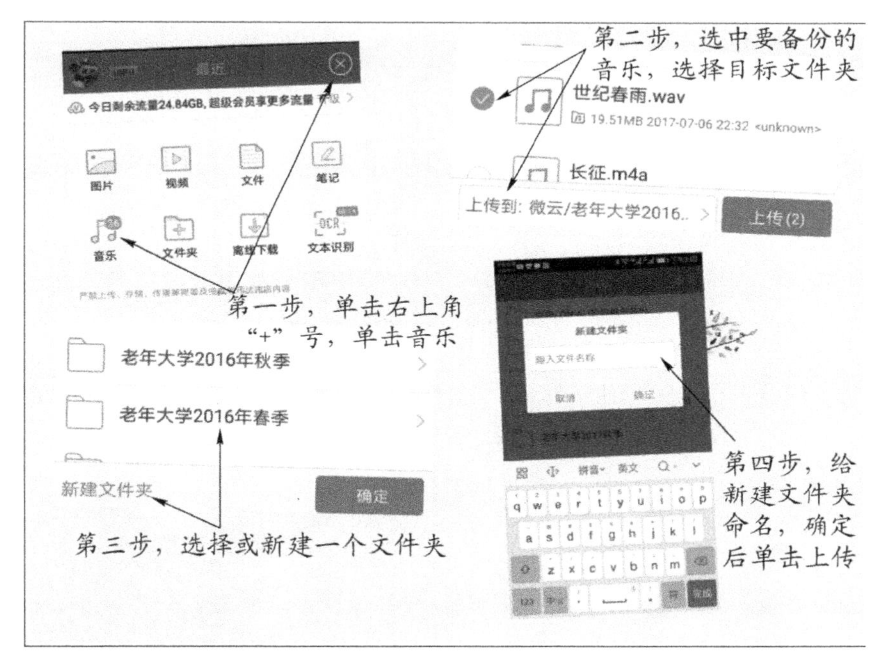


有时，明明还有很多内容没上传完，单击暂停/开始键也不能继续上传，这是什么原因呢？这是因为免费用户每天上传内容有限制，如有些应用每天的上传上限为 1G，当天免费上传的文件达到上限后，就会停止上传，第二天会继续免费上传。

### 学习心得及摘要

扫描二维码　加入读者圈
交流学习心得　下载相关资料

# 第五节 文件的下载

第一步，单击文件右侧的三角图标，如右图所示。

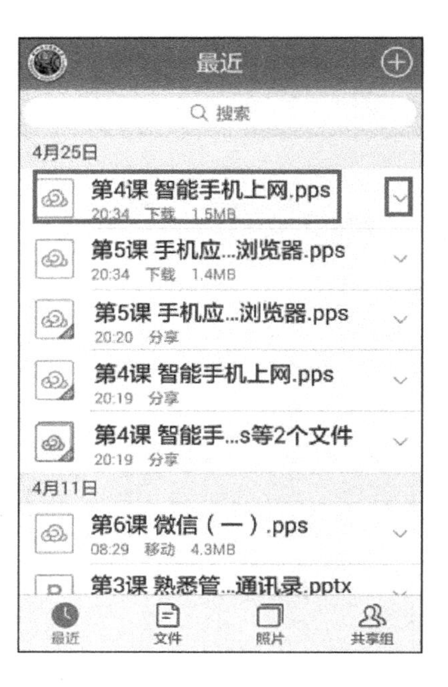


第二步，单击下载，如右图所示。

第三步，选择保存的位置后下载，如下图所示。

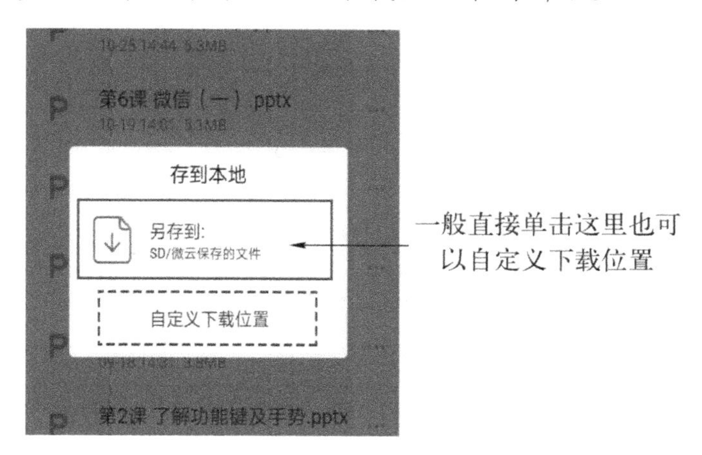


## 学习心得及摘要

扫描二维码 加入读者圈
交流学习心得 下载相关资料

# 购物支付

# 第八章　手 机 支 付

## 第一节　微信支付

微信支付是集成在微信客户端的支付功能，用户可以通过手机完成快速的支付流程。微信支付以绑定银行卡的快捷支付为基础，向用户提供安全、快捷、高效的支付服务。（摘自百度百科）

### 一、绑定银行卡

第一步，进入“我”，单击“钱包”。

第二步，单击右上角“银行卡”。

第三步，单击“添加银行卡”填入相关银行卡信息，在输入卡号的步骤时，如不想手动输入，可直接单击右边的“相机”图标，对准银行卡正面拍照识别。

第四步，填写卡类型、手机号码进行绑定。

第五步，填入手机验证码。

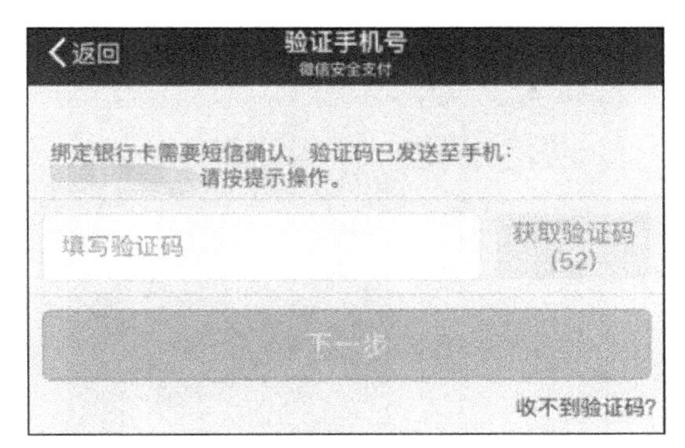


第六步，设置支付密码，输入两次，绑定成功。注意：支付密码不能与银行卡支付密码相同，支付密码是用于微信支付时的密码，设置以后要牢牢记住。

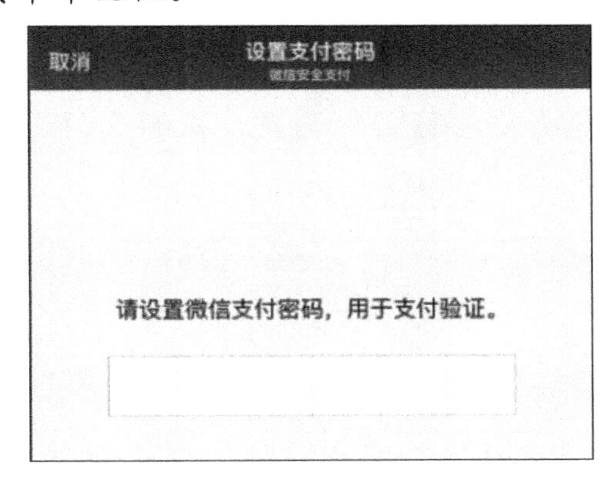


一个微信钱包可以绑定多张银行卡。

## 二、微信支付

目前微信支付已实现刷卡支付、扫码支付、公众号支付、APP支付，并提供企业红包、代金券、立减优惠等营销新工具，满足用户及商户的不同支付场景。

一般常用的支付方式如下图所示。单击右上角“+”号，“扫一扫”是用户主动扫商家二维码，输入金额、支付密码，确认支付。

“收付款”是刷卡支付，单击以后，会出现一个条形码和一个二维码，商家扫描支付码后输入金额，完成支付。

无论哪种支付方式，支付完成后，都会有一个“微信支付助手”的信息出现在微信的聊天界面里，核对支付金额，如发现有差错，可联系微信客服，或直接与商家沟通解决。

### 三、微信转账

下图是微信转账页面，单击要转账的朋友进入聊天界面，单击右上角“+”号，选择转账，输入转账金额和密码，完成转账。

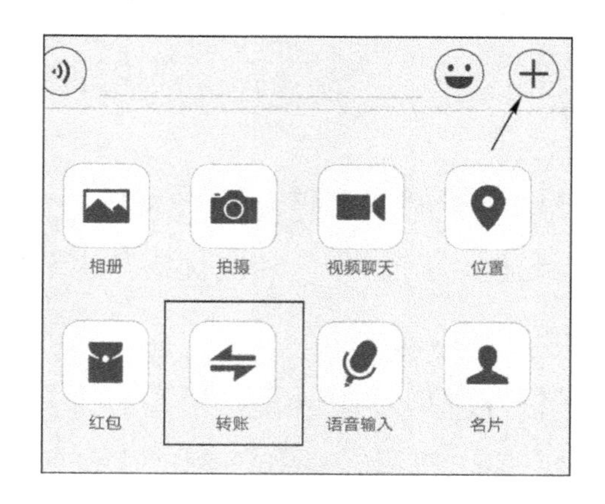

# 第二节 支付宝支付

支付宝是以每个人为中心的生活服务平台。支付宝已发展成为融合了支付、生活服务、政务服务、社交、理财、保险、公益等多个场景与行业的开放性平台。

支付宝除提供便捷的支付、转账、收款等基础功能外，还能快速完成信用卡还款、充话费、缴水电燃气费等功能。

手机 APP 名为支付宝。支付宝具备了电脑版支付宝的功能，同时还含更多创新服务，如“当面付”“二维码支付”等。（摘自百度百科）

## 一、安装手机 APP

首次使用，需要在手机应用商店找到支付宝 APP，下载并安装。

安装完成以后，手机桌面上会出现下图第二行所示的支付宝钱包的图标。

## 二、注册

第一步，进入注册页面，填入有效手机号。

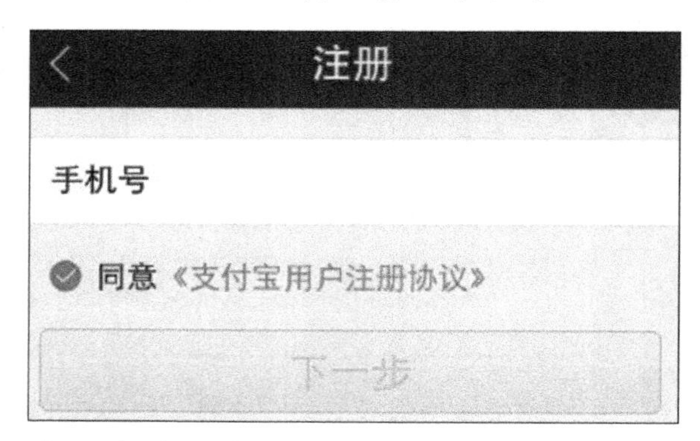


第二步，在同意前打勾。

第三步，接收手机验证码，并完成注册。

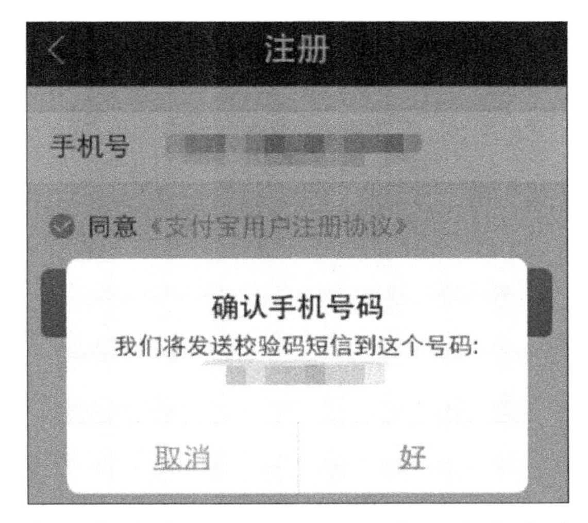


第四步，进入登录界面，用注册好的用户名和密码登录，登录后进入支付宝首页。

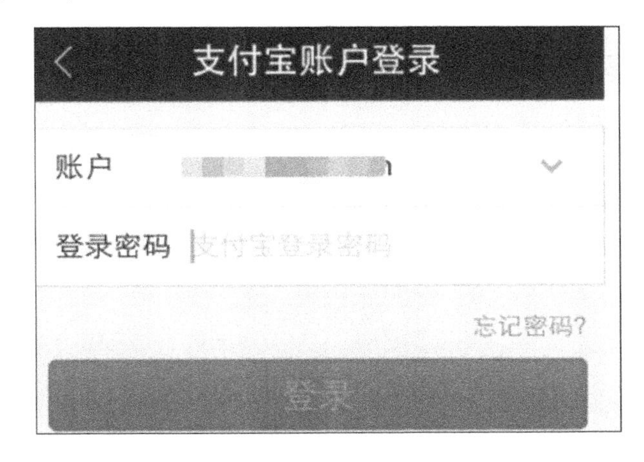


## 三、支付或收款

“扫一扫”是通过用户扫描商家支付码进行支付的。

“付钱”是通过商家扫描用户支付码进行支付的。

“收钱”是朋友扫描用户支付码付款给用户的。

## 四、支付宝转账

支付宝除了支付功能以外，还具备给朋友转账等功能。

下图是支付宝转账页面，直接在支付宝首页，单击“转账”，输入对方支付宝账号、转账金额、支付密码，完成转账。

# 第九章 手机购物

淘宝网是一个电子商务交易平台，由阿里巴巴集团在2003年5月创立。截至2014年年底，拥有近5亿的注册用户数，每天有超过6000万的固定访客，同时每天的在线商品数已经超过了8亿件，平均每分钟售出4.8万件商品。（摘自百度百科）

## 第一节 注册

第一步，首次下载安装淘宝APP，打开APP会出现一个登录界面，可以选择屏幕下方的“支付宝账户快速登录”进行登录。如果没有支付宝账户，单击“新用户注册”。

第二步，输入手机号，出现“向右滑动验证”提示，按提示滑动，会进入发送验证码步骤。

第三步，输入验证码。

第四步，填写账户信息，在这一步里，完善个人信息，手机号、地址等要如实填写，账户名和密码填写后必须牢牢记住。

第五步，注册成功后，用账户名和密码登录。

注册完成后，还可以进入“我的淘宝”设置，管理“我的收货地址”，通过“添加新地址”来增加地址，收货地址可以有多个，在最常用的收货地址下“默认地址”前的方框打勾。以后在你不选择收货地址的情况下，商品默认送到这个地址。

# 第二节 购物

## 一、搜索的技巧

（1）精确查找。在首页的搜索栏里写上精确的商品名称，如“华为 mate 9”，此时只要在众多的商家中选择满意的一家下单购买就可以了。

（2）大类查找。如在首页的搜索栏里输入“手机”，此时各种品牌的手机都会出现在首页上。

（3）模糊查找。如果知道商品的用途，却不知道它的名称，如“摘树上果子的工具”，各种符合这个用途的商品会出现在清单里。

（4）当你搜索到众多商品后，免不了挑得眼花瞭乱，可以根据下图，单击综合排序，在“信用”“价格”“销量”之间选择排序，如你选择了“信用”，那么信用较好的商家就会出现在清单的前面。

## 二、购物的技巧

选中的商品会有几个选项，“收藏”“加入购物车”“立即购买”等。

（1）收藏。觉得商品还需要考虑一下再购买的时候，一般选择“收藏”，以后想买的时候到我的淘宝—收藏夹里就可以找到它了。

（2）购物车。如果选了其中一些商品，接下来还想再选选，一起下单购买；那么可以先选择“加入购物车”，等全部挑完后，到我的淘宝—购物车里去付款便可。这样做的好处是，如果你在同一家店里选了两个以上商品，可以避免付多次运费。

（3）立即购买。如果考虑成熟了，准备购买商品，就选择“立即购买”，选择合适的颜色、型号、数量等，进行支付，支付完成后，就进入商家确认和发货流程了。

关于购物，如果在手机应用商店输入关键字“购物”“海淘”“买东西”等，会出现非常多的购物 APP，如下面几个购物 APP 所示。

以比较低的价格买到高品质的产品，主要供应家居用品。

目标人群：追求品质却不愿意为品牌溢价埋单的顾客。

有很多商品使用的分享经验，对选购商品有较好的参考价值。

“下厨房”是一款专门交流和分享美食生活的 APP，它的市集专门销售与美食有关的商品。

海外代购 APP。

由于个体的需求不同，个人的兴趣清单也会有很大的区别，不管怎么说，手机购物可以让你买到你想要的几乎任何商品，如现在大商场都不太会有的“针头线脑”。当你熟谙手机购物之道时，会发现，世界很精彩。

## 学习心得及摘要

扫描二维码　加入读者圈
交流学习心得　下载相关资料

# 居 家 生 活

# 第十章　美食生活

随着生活水平的不断提高，“吃”越来越受到人们的重视，吃甚至成为一种精神享受。越来越多的人利用智能手机的便利，不断地加入分享美食、分享精彩的行列中来，让我们可以方便地获得世界各地的美食文化、传统食材，其中“下厨房”就是比较有代表性的一个手机 APP。

在手机应用商店搜索、下载、安装“下厨房”手机 APP 后，打开，看到下图的界面。

美食交流分享的手机 APP，比较受欢迎的还有豆果美食、美食杰、厨房故事等，这类 APP 里的美食作品由美食爱好者上传，汇集了中西菜肴美食、国内各大菜系和名小吃的做法，有了它，你可以轻松地成为一位厨艺大师。

## 学习心得及摘要

# 第十一章　堂食外卖

城市建设日新月异的今天，哪怕在熟悉的城市，也常常不知身在何处，更别说很快速地找到周边的一家餐厅。而智能手机却可以很快地告诉你，你身在何处，周边有哪些餐厅美食，抑或堂食，抑或外卖，手机上选择、下单、付费轻松实现。

以“大众点评”为例，我们来了解一下此类 APP 的功能。

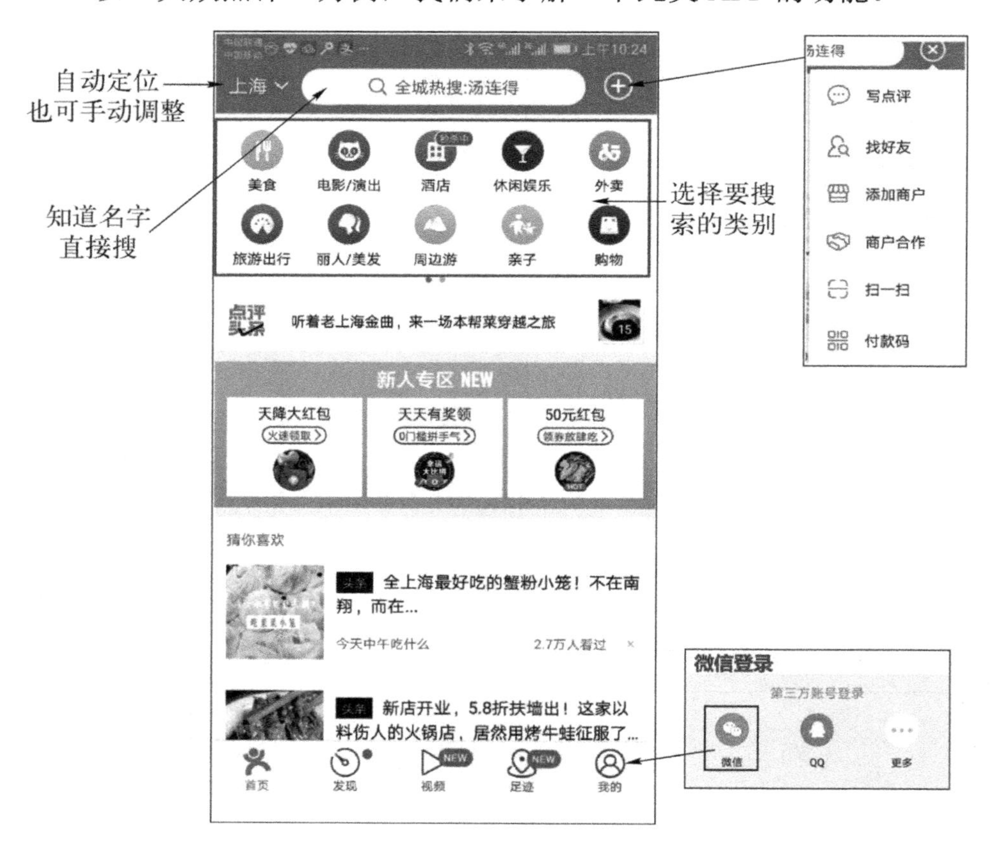

打开手机 APP 以后，一般在顶部都设置了一个搜索栏，如果你很明确地知道自己要找什么，直接输入名字就可以实现查找。

APP 的定位授权。在首次打开 APP 时，会出现提示：是否允许定位？一般选择“始终允许”较好。如在大众点评 APP 里，如果允许定位，那么 APP 很快可以把你周边的餐厅、电影院等信息查找出来推送给你。

而目前大多数手机 APP 在“我的”栏目中，涉及登录信息的，一般都支持第三方账户登录，最常用的是微信登录，单击授权登录即可。

## 学习心得及摘要

扫描二维码　加入读者圈
交流学习心得　下载相关资料

# 文 化 娱 乐

扫描二维码　加入读者圈
交流学习心得　下载相关资料

# 第十二章 摄影后期

配合手机摄影，摄影后期的 APP 也不少。手机出厂时自带的编辑功能也非常不错，简单的调整完全可以通过手机相机自带的编辑功能进行。要对图片做相对专业的修整，需要下载专门的 APP，如 snapseed、美图秀秀等是比较常用的修图软件，还有拼图酱可以对图片进行拼接处理。

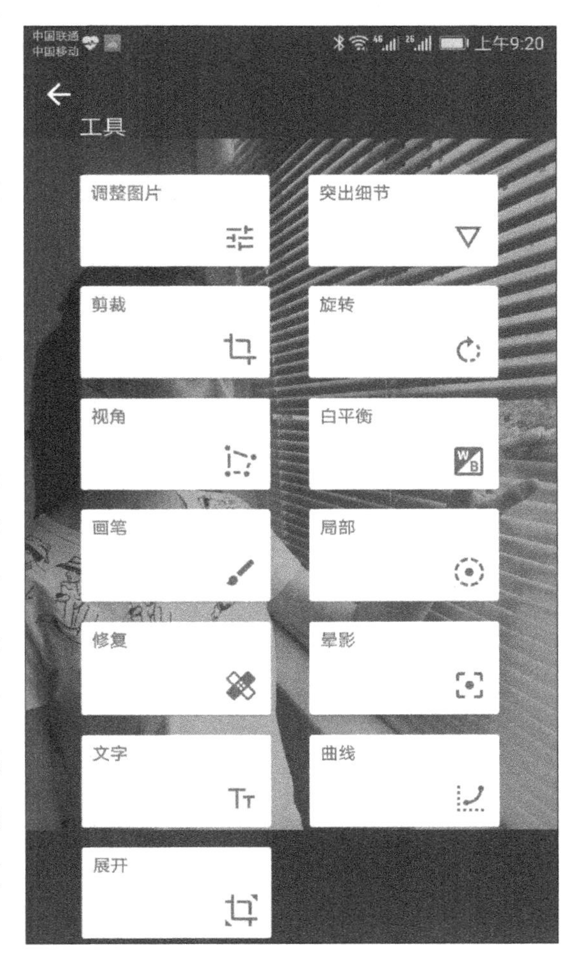


下面我们来截图看看 snapseed 的强大功能。

摄影后期相对来说是一个比较专业的技术，需要一定的摄影基础。我们可以一边找一些资料来学习，一边在手机上对所拍的照片进行一些修图练习。慢慢地，就可以掌握这门专业技术，让照片更加完美了。

# 第十三章 唱歌听戏

## 第一节 全民K歌

唱歌让人身心愉悦，手机 K 歌 APP 不仅可以让你想唱就唱，还能帮你练唱、学唱、录音，以及和朋友交流，是居家生活自娱自乐的好工具。这一类的 APP 也比较多，常见的有全民 K 歌、唱吧等。

下面以全民 K 歌为例，来了解一下此类 APP 的功能。

首次打开
选择登录
方式

K歌功能
单击小话筒

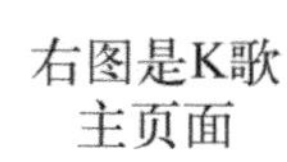

找歌，单击话筒
直接说出歌名

找歌

搜索后有多个版本供选择，选择K歌，歌曲加载后就可以跟着伴奏唱歌

练歌

单击这里练唱

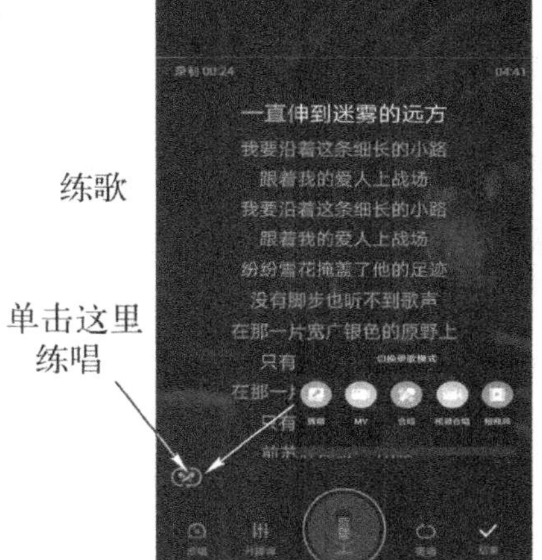


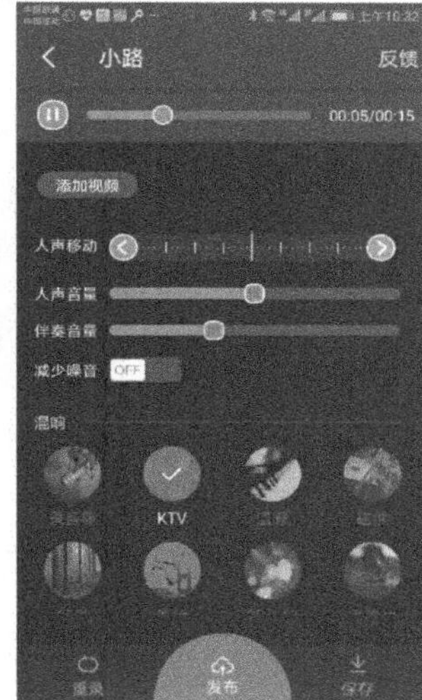


发布

完成后，选择发布、保存或重录

## 学习心得及摘要

扫描二维码　加入读者圈
交流学习心得　下载相关资料

## 第二节 听戏

听戏是由中国唱片总公司委托开发的一款传播正版音像资料的APP，目的是为了促进文化交流，弘扬中国戏曲。智能手机时代，对于喜爱音乐、戏曲的朋友来说，真是福音！类似的常见的手机APP有QQ音乐、百度音乐等。

下面在听戏APP里，了解一下APP部分收费功能。

打开首页右上角的设置键，黑胶音质只有会员才可以听，会员需要收取一定的费用。

当然对于不是发烧友的朋友，听听免费的戏曲也是非常不错的，在音质上也完全满足我们的需求。

著名的曲段还配了详细的介绍，实为戏迷的福音。

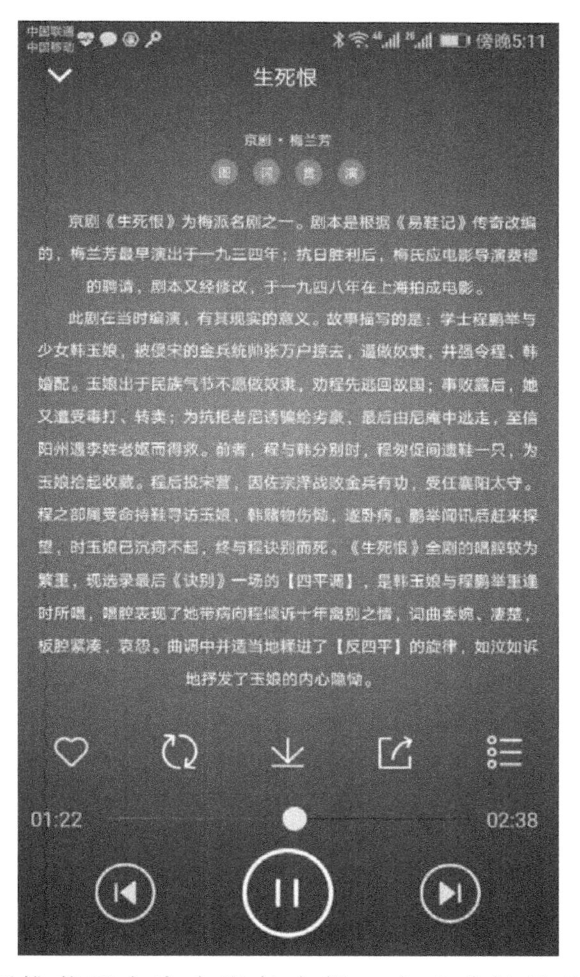


听戏首页推荐了名家名段的专辑，在戏曲馆里分为京剧、昆曲、越剧、豫剧等戏种，方便戏迷们查找和筛选，同时还按照戏曲名家进行了分类。

舞蹈与听书的 APP 大同小异，本书就不再一一赘述。

# 旅游出行

扫描二维码　加入读者圈
交流学习心得　下载相关资料

# 第十四章　手 机 导 航

科技让出行更简单，说得一点没错。智能手机导航 APP，能够准确地报出线路、交通路况，按照驾车、公交、走路等出行方式规划最合理的线路。

下面以百度地图为例，来了解一下此类 APP 的功能。

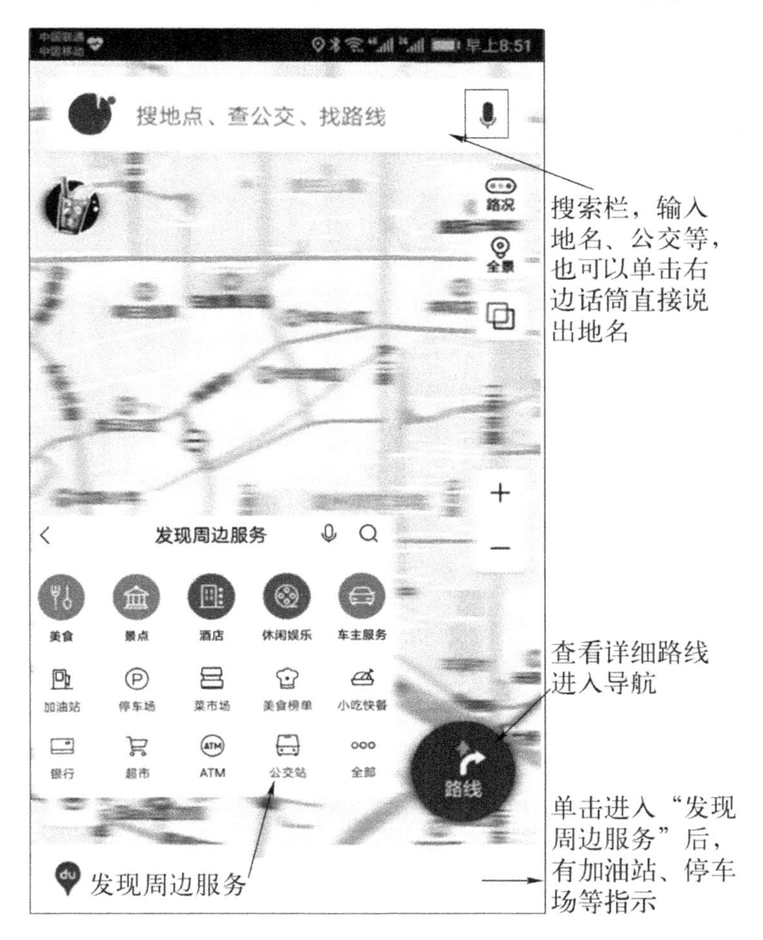

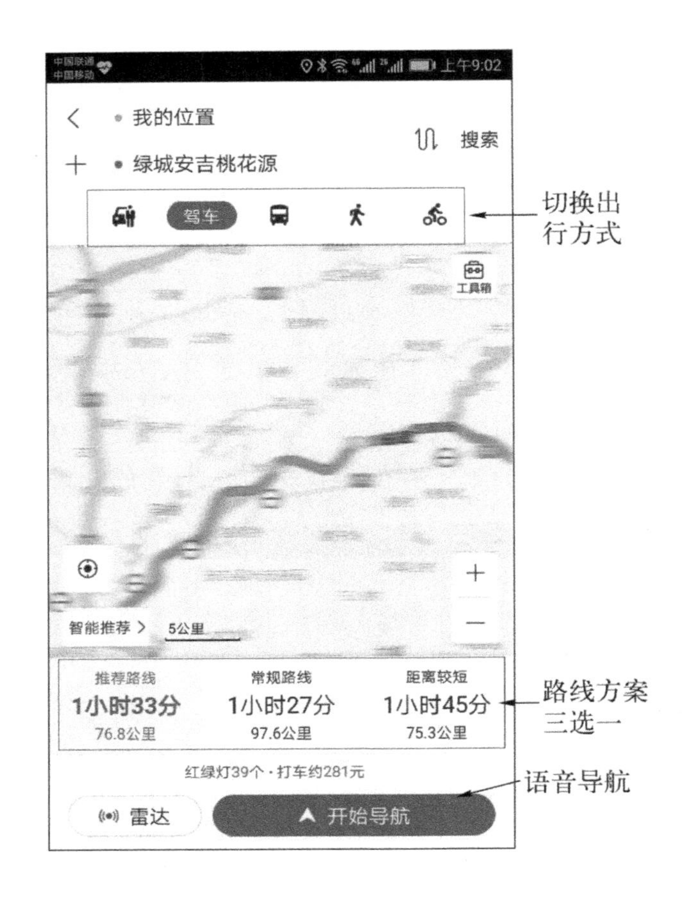


## 学习心得及摘要

扫描二维码　加入读者圈
交流学习心得　下载相关资料

# 第十五章　手 机 订 票

手机预订机票、火车票等不仅方便，还能清楚地了解班次、时间等信息。目前，部分班次高铁已经推出手机订票凭身份证验票进站的便民措施。手机订票的另一大好处就是改签方便，一旦发现延误，及时改签或退票就可以了。

**支付宝订火车票、机票流程**

进入支付宝首页，有下图所示的“火车票机票”，单击进入。

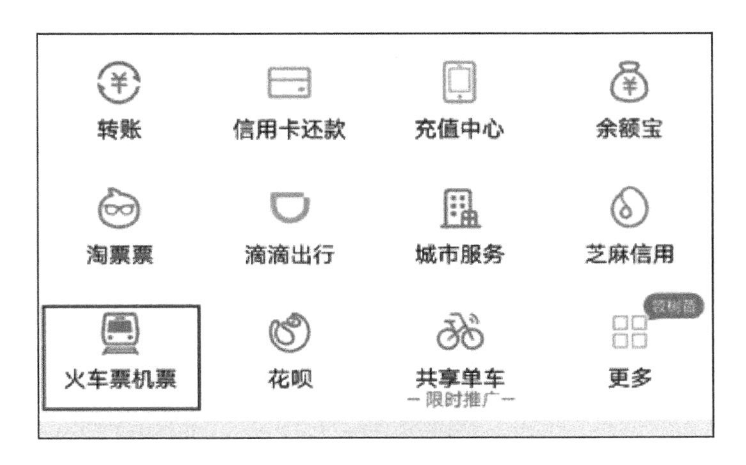


进入后，首先选择购票类别，分别是飞机票、火车票和汽车票，下图以机票为例。然后选择出发地和目的地、往返时间，有儿童的在“携带儿童”前打勾，单击开始搜索。

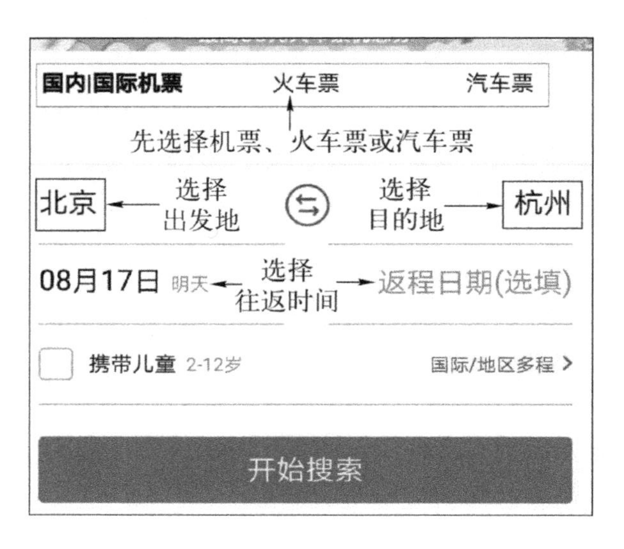


单击选择想要乘坐的航班，如下图所示。

选择好航班后，进入预订界面，选择合适的价位单击右边的“订”。进入填写订票人信息的页面，填写完整的资料，进入付款环节，付费后即订票成功。

订票成功后，手机会收到一条提示订票成功的短信。如果乘坐高铁，凭身份证进入的时候，有时候乘务工作者会要求你出示这条短信，所以行程结束前，请保存好这条短信。

手机订票完成后，凭身份证到自动打印终端上就可以直接打印票据。

进入微信—我—钱包，在第三方服务中也有同样的服务，流程类似。

## 学习心得及摘要

扫描二维码　加入读者圈
交流学习心得　下载相关资料

# 第十六章　滴滴出行

滴滴出行是用得非常普遍的一个手机 APP，使用起来也非常方便，可在手机上预约叫车，节省等车时间，享受精准服务。

滴滴出行的使用方法如下：

第一步，输入手机号。

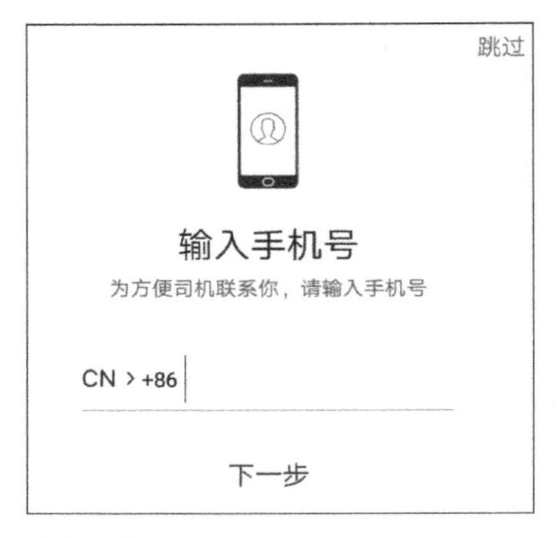


第二步，填入验证码。

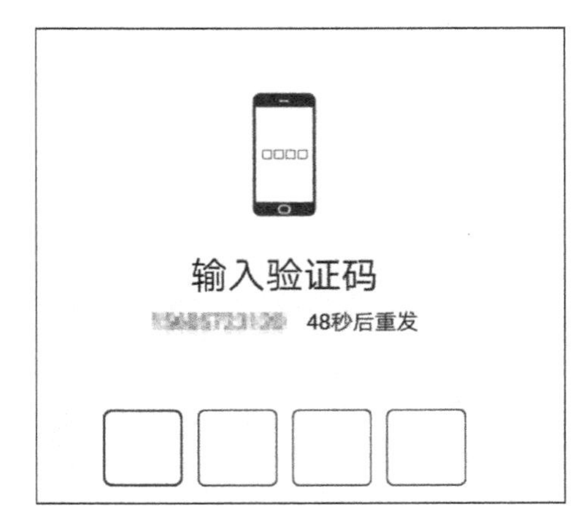

将顶端的出行方式拉到最右边的“敬老出租”，这是为老人专门打造的。

进入“敬老出租”，单击最下方的“敬老专线”，即出现拨打400××××××号码，拨打即可预约叫车。

常规使用方法，输入出发地与目的地即可呼叫快车、出租车、顺风车或代驾等。

由于首次使用APP时输入了手机号，因此叫车后，附近的司机会接单后打电话联系你。

## 学习心得及摘要

扫描二维码　加入读者圈
交流学习心得　下载相关资料

# 第十七章　翻　　译

随着国内外交流的不断增强，包括贸易、旅游、外交等方面都出现了需要翻译的场景。例如：老年人吃的一些国外的保健品瓶子上全是外文，出国旅游语言也会成为障碍，等等。翻译 APP 的出现很好地解决了这些问题。

在许多的 APP 里，首次打开时会出现类似的提示，如果你要正常使用这些功能，应该选择始终允许。

"有道翻译官"需要使用麦克风权限，您是否允许？

禁止后不再询问

禁止　　始终允许

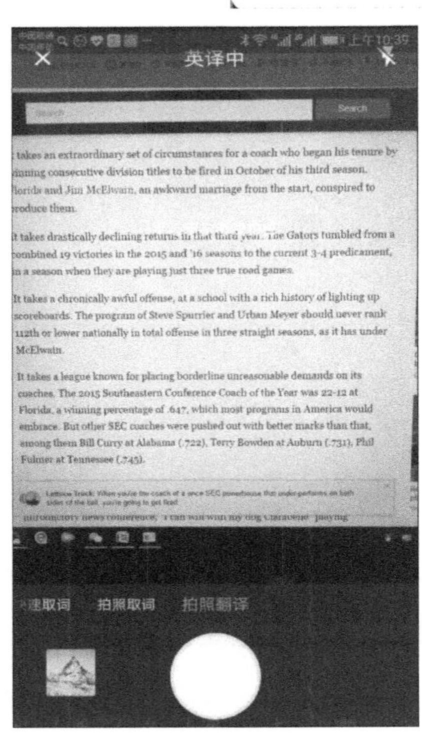

有道翻译官的主要功能有翻译（输入文本）、语音翻译以及拍译。

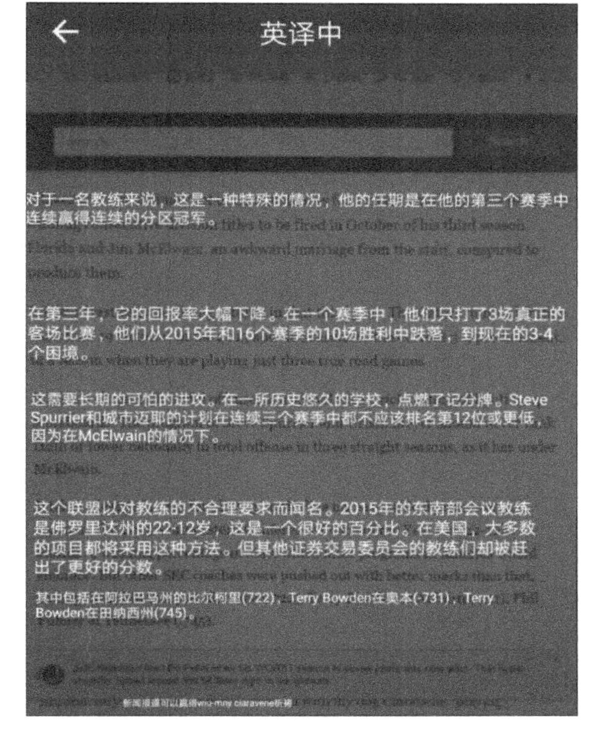


使用拍译时，镜头对准要翻译的资料，按下拍摄键，手机屏上会出现译好的文字。

有道翻译官的三个基本功能使用都十分方便。翻译只需直接输入文本，语音翻译按下下方的话筒说话，APP 会自动识别语言，进行翻译。

语种的切换在首页的最上方，选择要互译的语种。

另外，同声译非常出色的是“彩云小译”及“同声译”APP，大家也可以下载试试。

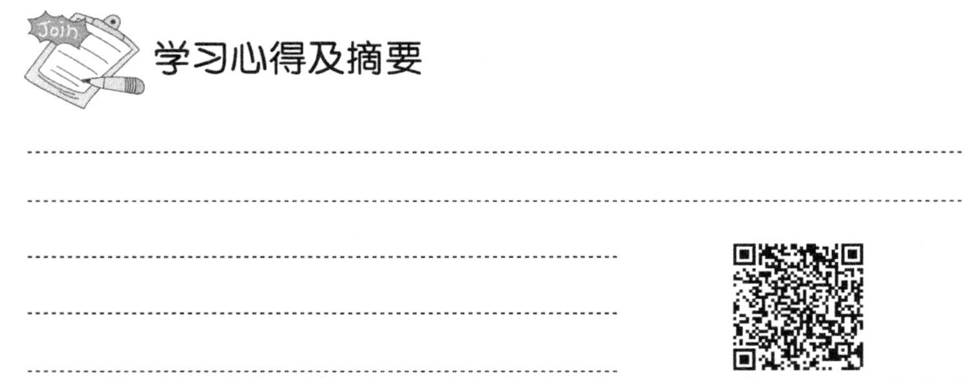


## 学习心得及摘要

扫描二维码　加入读者圈
交流学习心得　下载相关资料

# 健康服务

扫描二维码　加入读者圈
交流学习心得　下载相关资料

# 第十八章　医疗健康

## 第一节　好大夫·智慧互联网医院

在手机应用商店输入“医疗健康”“挂号”等关键字，搜索出来的 APP 非常多，可以根据自己的身体情况有针对性地选择。另外，几乎每个地市都有所在地医院或卫生局的统一挂号平台，可以搜索“地名+挂号”或“地名+智慧医疗”等关键字查找。

“好大夫·智慧互联网医院”APP 的功能如右图所示，一目了然。可以通过搜索找到医院和医生，并且还有名医预约、电话问诊、预约手术等功能。

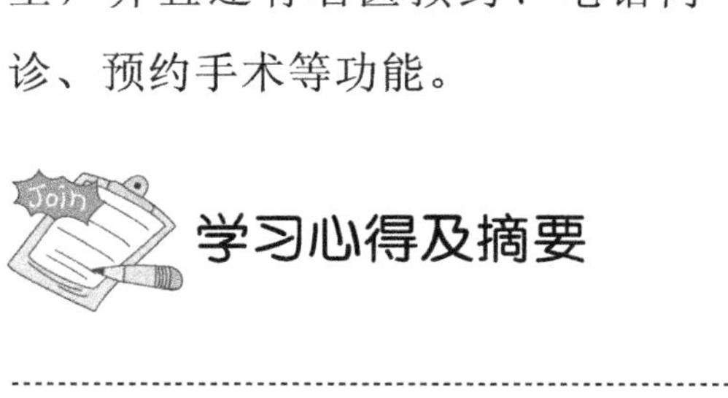

扫描二维码　加入读者圈
交流学习心得　下载相关资料

## 第二节　健康湖州

我们再来介绍一款本地化的健康服务手机 APP——健康湖州。不在湖州的学员可以尝试用“健康”“智慧医疗”等关键词搜索。

本地化的 APP 不一定能在应用商店中找到，因此先介绍一下找到它的方法。

第一步，进入微信，选择“通讯录”，依次单击“公众号”、右上角“+”号，在弹出的搜索框中输入“健康湖州”。找到后打开，并单击“关注”，进入公众号。

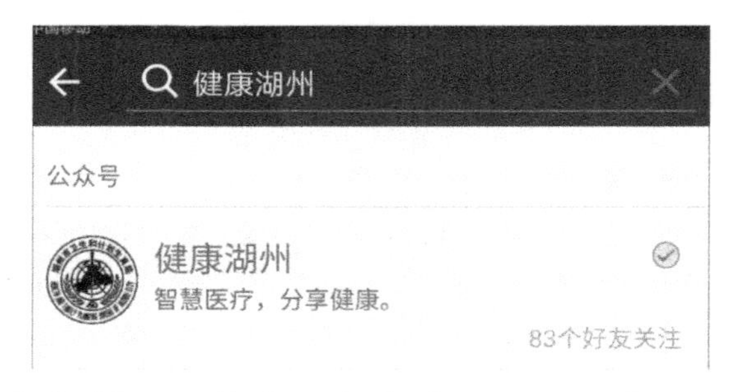


第二步，根据提示，单击公众号首页右下方的“下载客户端”。

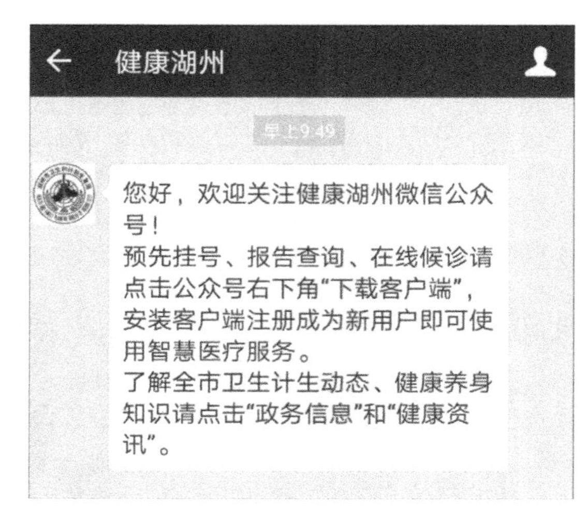

第三步，单击“下载客户端”后，出现苹果和安卓的下载提示，此时单击右上方的“⋮”。选择在浏览器中打开。

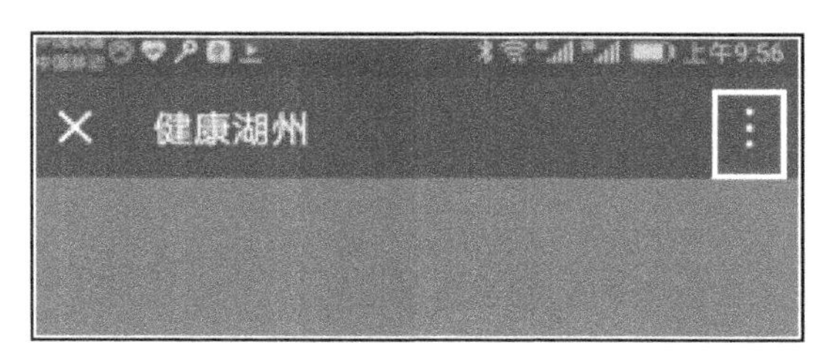


第四步，选择苹果或安卓下载，下载完成，滑下手机屏最上端的任务栏，会出现“下载成功”的提示。

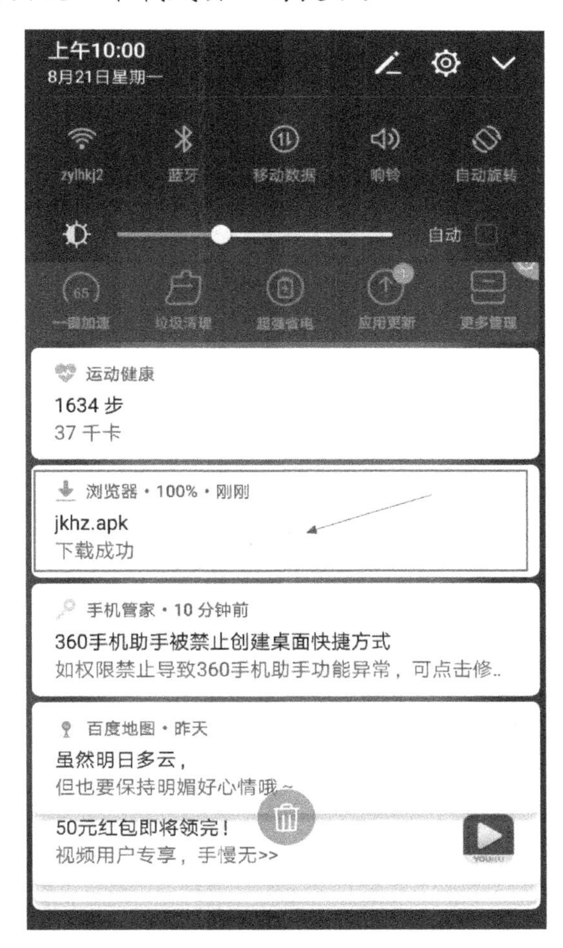

第五步，单击“下载成功”的提示后，选择“安装”。

安装成功后，手机桌面上就出现了“健康湖州”APP 的图标，如下图所示。

本地医疗资源是我们应该关注的重点内容。如“健康湖州”这样的 APP 操作简单，功能基本满足日常医疗需要，不用排队挂号，

可以提前预约挂号，检查结果不用去医院取，手机 APP 查看方便，APP 还记录了以往病史和用药记录。

首次使用，进入“我的”进行注册，注册时填写的信息包括身份证号、真实姓名、密码（两次）、性别、住址等，然后输入验证码，按手机提示操作，注册成功以后就可以进行挂号等操作。

## 学习心得及摘要